第1章 图像处理基础知识
位图原图/位图放大效果

第1章 图像处理基础知识
矢量图原图/矢量图放大效果

第2章 Photoshop基础知识
建筑效果图

第2章 Photoshop基础知识
照片处理效果(1)

第2章 Photoshop基础知识
照片处理效果(2)

第3章 图像编辑的基本操作
变换图像对象

第3章 图像编辑的基本操作
练习实例:制作水中的玻璃瓶

第3章 图像编辑的基本操作
练习实例:制作倒影

第3章 图像编辑的基本操作
课堂案例:创建证件照

第3章 图像编辑的基本操作
练习实例:复制图像

本书精彩案例欣赏

第4章　选区的创建与应用
练习实例：绘制淘宝促销图标

第4章　选区的创建与应用
练习实例：更换相框内容

第4章　选区的创建与应用
练习实例：抠取图像

第4章　选区的创建与应用
练习实例：绘制花卉标签

第4章　选区的创建与应用
绘制边框选区

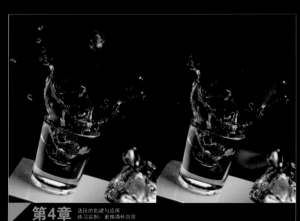

第4章　选区的创建与应用
练习实例：更换酒杯背景

第4章　选区的创建与应用
练习实例：制作浪漫花卉

第4章　选区的创建与应用
课堂案例：制作节日活动海报

第5章　选择与填充颜色
练习实例：制作饰品宣传海报

第5章　选择与填充颜色
练习实例：制作边框图像

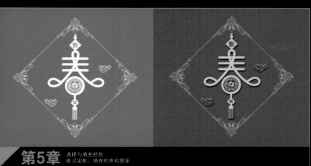

第5章 选择与填充颜色
练习实例：填充颜色和图案

第6章 色调与色彩的调整
练习实例：调整图像的阴影和高光

第6章 色调与色彩的调整
练习实例：快速改变背景颜色

第6章 色调与色彩的调整
练习实例：色彩平衡

第6章 色调与色彩的调整
课堂案例：调出宝宝的嫩白肌肤

第6章 色调与色彩的调整
练习实例：制作怀旧色调

第6章 色调与色彩的调整
练习实例：调整亮度和对比度

第6章 色调与色彩的调整
练习实例：制作负片图像效果

BEAUTIFUL
LIGHT
BULB

第7章　绘画与图像修饰
　　　　课堂案例：制作绚丽光斑

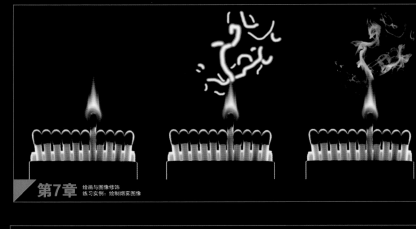

第7章　绘画与图像修饰
　　　　练习实例：绘制烟雾图像

第7章　绘画与图像修饰
　　　　练习实例：绘制动态背景

第7章　绘画与图像修饰
　　　　练习实例：制作油画图像

第7章　绘画与图像修饰
　　　　练习实例：修复人物红眼

第7章　绘画与图像修饰
　　　　练习实例：制作水彩画效果

第7章　绘画与图像修饰
　　　　练习实例：绘制童话星空

第8章 路径与矢量图形
课堂案例：制作美食杂志封面

第9章 图层的基本应用
课堂案例：合成图像

第9章 图层的基本应用
认识图层

第10章 图层混合与图层样式
图层混合模式

第10章　图层混合与图层样式
颜色叠加样式

第10章　图层混合与图层样式
挖空效果

第11章　文字设计
变形文字

第11章　文字设计
练习实例：在路径上创建文字

第10章　图层混合与图层样式
练习实例：快速绘制玻璃按钮

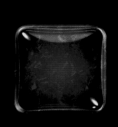

第10章　图层混合与图层样式
图案叠加效果

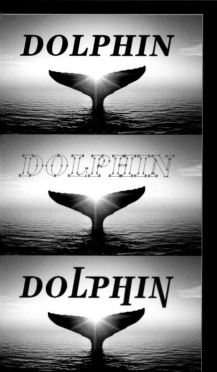

第11章　文字设计
课堂案例：制作时尚名片

第11章　文字设计
练习实例：在图像中创建文字选区

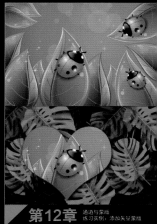

第12章
通道与蒙版
练习实例：分离与合并通道

第12章
通道与蒙版
练习实例：对图像进行通道运算

第12章
通道与蒙版
练习实例：添加矢量蒙版

第12章
通道与蒙版
练习实例：改变图像局部色彩

第13章
应用滤镜
练习实例：制作熔化的奖杯

第13章
应用滤镜
艺术效果滤镜

第13章
应用滤镜
扭曲滤镜

第13章 应用滤镜
素描滤镜

第13章 应用滤镜
模糊画廊滤镜

第13章 应用滤镜
像素化滤镜

第13章 应用滤镜
课堂案例：制作冰雕图像

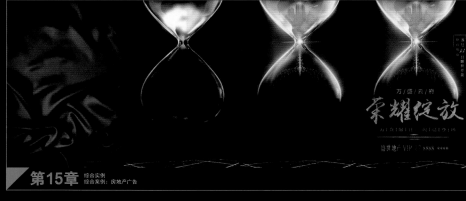

第15章 综合实例
综合案例：房地产广告

高等院校计算机应用系列教材

刘义 杨春元 编著

Photoshop 2020
图像处理标准教程（全彩版）

内 容 简 介

本书以循序渐进的方式详细讲解了 Photoshop 在图像基本操作、图像编辑、色彩调整、选区、绘画、图像修饰、路径、文字、蒙版、通道、滤镜、动作等方面的核心功能和应用技巧。全书内容共分为 15 章，第 1 章介绍图像处理的相关知识；第 2~14 章介绍 Photoshop 软件的核心功能，并配有大量实用的练习实例，让读者在轻松的学习中快速掌握该软件的使用技巧，同时达到对软件知识学以致用的目的；第 15 章主要讲解 Photoshop 在平面设计方面的综合案例。

本书讲解由浅入深、内容丰富、结构合理、思路清晰、语言简洁流畅、实例丰富。书中的所有实例都配有视频演示，能够让学习变得更加轻松、方便。

本书适用于广大 Photoshop 初中级读者和从事平面图像处理工作的人员，既适合作为相关院校平面设计专业课程的教材，也适合作为 Photoshop 自学者的参考书。

本书提供实例操作的教学视频，读者通过扫描封底或前言中的二维码即可观看。本书配套的电子课件、实例素材可以通过 http://www.tupwk.com.cn/downpage 网站下载，也可以通过扫描封底或前言中的二维码推送到指定邮箱。

图书在版编目(CIP)数据

Photoshop 2020图像处理标准教程：全彩版 / 刘义，杨春元　编著. —北京：清华大学出版社，2021.5
高等院校计算机应用系列教材

ISBN 978-7-302-57954-0

Ⅰ. ①P⋯　Ⅱ. ①刘⋯ ②杨⋯　Ⅲ. ①图像处理软件—高等学校—教材　Ⅳ. ①TP391.413

中国版本图书馆CIP数据核字(2021)第064148号

责任编辑：胡辰浩
封面设计：高娟妮
版式设计：妙思品位
责任校对：成凤进
责任印制：宋　林

出版发行：清华大学出版社
　　　网　　　址：http://www.tup.com.cn，http://www.wqbook.com
　　　地　　　址：北京清华大学学研大厦A座　　　　　　　邮　　编：100084
　　　社 总 机：010-62770175　　　　　　　　　　　　　　邮　　购：010-62786544
　　　投稿与读者服务：010-62776969，c-service@tup.tsinghua.edu.cn
　　　质 量 反 馈：010-62772015，zhiliang@tup.tsinghua.edu.cn
印 装 者：三河市铭诚印务有限公司
经　　销：全国新华书店
开　　本：203mm×260mm　　　印　张：18.75　　　插　页：4　　　字　数：566千字
版　　次：2021年6月第1版　　　印　次：2021年6月第1次印刷
定　　价：98.00元

产品编号：088030-01

Photoshop 是一款专业的图形图像处理软件，其功能强大、操作方便，是当今功能最强大、使用范围最广的平面图像处理软件之一，备受用户的青睐。

本书主要面向 Photoshop 2020 的初中级读者，所以在编写时从图像处理初中级读者的角度出发，合理安排知识点，运用简洁流畅的语言，结合丰富实用的练习实例，由浅入深地讲解 Photoshop 在平面图像处理中的应用，使读者可以在最短的时间内学到最实用的知识，轻松掌握 Photoshop 在平面图像处理专业领域的应用方法和技巧。

本书分为 15 章，包括以下主要内容。

第 1 章主要介绍平面图像处理的相关知识。

第 2～6 章主要介绍 Photoshop 的基本操作、图像编辑、图像色彩填充、色域和溢色的概念、图像色彩调整、图像明暗度调整、图像特殊颜色调整、选区的创建和编辑等内容。

第 7 章和第 8 章主要讲解绘制图像、修饰图像、路径与矢量图形，包括各种绘制工具和修复工具的应用，图像的编辑，以及路径与矢量图形的绘制等。

第 9 章和第 10 章主要讲解图层的应用，包括图层的创建、编辑图层、图层不透明度、图层混合模式、调整图层、图层混合和图层样式等内容。

第 11 章主要讲解文字的应用，包括文字的创建与文字属性的设置等。

第 12 章主要讲解通道和蒙版的应用，包括通道和蒙版的创建、编辑及应用。

第 13 章主要讲解滤镜的应用，包括常用滤镜的设置与使用、滤镜库的使用方法、智能滤镜的使用，以及各类常用滤镜的功能详解。

第 14 章主要介绍图像编辑自动化和打印输出知识，包括动作的作用与"动作"面板的用法，自动化处理图像的操作方法，以及打印输出的相关知识。

第 15 章主要讲解 Photoshop 在平面设计中的综合应用。

本书内容丰富、结构清晰、图文并茂、文字通俗易懂，适合以下读者学习使用。

(1) 从事平面设计、图像处理的工作人员。

(2) 对广告设计、图像处理感兴趣的爱好者。

(3) 计算机培训学校中学习图像处理的学员。

(4) 高等院校相关专业的学生。

前言

　　本书编写分工如下，佳木斯大学的刘义编写了第 1~5、11、13~15 章，杨春元编写了第 6~10、12 章。我们真切希望读者在阅读本书后，不仅可以开阔视野，而且可以提升实践操作技能，并从中学习和总结操作的经验和规律，达到灵活运用的目的。由于编者水平有限，书中纰漏和考虑不周之处在所难免，欢迎读者予以批评指正。我们的邮箱是 992116@qq.com，电话是 010-62796045。

　　本书提供实例操作的教学视频，读者通过扫描下方的二维码即可观看。本书配套的电子课件、实例素材可以通过 http://www.tupwk.com.cn/downpage 网站下载，也可以通过扫描下方的二维码推送到指定邮箱。

扫一扫　　　　　　　　　配套资源

看视频　　　　　　　　　扫描下载

作　者

2020 年 12 月

Contents **目录**

第1章　图像处理基础知识

1.1	**图像的分类**	**2**
	1.1.1　位图	2
	1.1.2　矢量图	2
1.2	**图像色彩模式**	**3**
	1.2.1　RGB 模式	3
	1.2.2　灰度模式	3
	1.2.3　CMYK 模式	3
	1.2.4　位图模式	3
	1.2.5　Lab 模式	3
1.3	**像素与分辨率**	**4**
	1.3.1　像素	4
	1.3.2　分辨率	4
1.4	**色彩构成**	**4**
	1.4.1　色彩构成概念	5
	1.4.2　色彩三要素	5
	1.4.3　三原色、间色和复色	5
	1.4.4　色彩搭配方法	6
1.5	**常用的图像格式**	**6**
	1.5.1　PSD 格式	6
	1.5.2　TIFF 格式	6
	1.5.3　BMP 格式	6
	1.5.4　JPEG 格式	6
	1.5.5　GIF 格式	7
	1.5.6　PNG 格式	7
	1.5.7　PDF 格式	7
	1.5.8　EPS 格式	7
1.6	**高手解答**	**7**

第2章　Photoshop 基础知识

2.1	**初识 Photoshop**	**10**
	2.1.1　Photoshop 的应用领域	10
	2.1.2　启动与退出 Photoshop	11
	2.1.3　Photoshop 2020 的启动界面	13
	2.1.4　Photoshop 2020 的工作界面	13
2.2	**图像文件的基本操作**	**16**
	2.2.1　新建图像	16
	2.2.2　打开图像	17
	2.2.3　保存图像	18
	2.2.4　导入图像	18
	2.2.5　导出图像	18
	2.2.6　关闭图像	19
2.3	**图像显示控制**	**19**
	2.3.1　100% 显示图像	19
	2.3.2　缩放显示图像	20
	2.3.3　全屏显示图像	21
	2.3.4　排列图像窗口	21
2.4	**Photoshop 辅助设置**	**22**
	2.4.1　常规设置	22
	2.4.2　界面设置	22
	2.4.3　工作区设置	23
	2.4.4　暂存盘设置	23
	2.4.5　单位与标尺设置	23
	2.4.6　参考线、网格和切片设置	24
2.5	**清理缓存数据**	**24**
2.6	**高手解答**	**24**

目录

第 3 章　图像编辑的基本操作

3.1　图像的基本调整 ………………… 26

　3.1.1　调整图像大小 ………………… 26

　3.1.2　调整画布大小 ………………… 27

　3.1.3　调整图像方向 ………………… 28

3.2　变换和变形图像 ………………… 29

　3.2.1　缩放对象 …………………… 29

　3.2.2　旋转对象 …………………… 29

　3.2.3　斜切对象 …………………… 29

　3.2.4　扭曲对象 …………………… 30

　3.2.5　透视对象 …………………… 30

　3.2.6　变形对象 …………………… 30

　3.2.7　按特定角度旋转对象 ………… 30

　3.2.8　翻转对象 …………………… 30

　3.2.9　内容识别缩放 ……………… 31

　3.2.10　操控变形 ………………… 32

3.3　移动和复制图像 ………………… 32

　3.3.1　移动图像 …………………… 32

　3.3.2　复制图像 …………………… 33

3.4　擦除图像 ………………………… 34

　3.4.1　使用橡皮擦工具 …………… 34

　3.4.2　使用背景橡皮擦工具 ……… 35

　3.4.3　使用魔术橡皮擦工具 ……… 37

3.5　裁剪与清除图像 ………………… 37

　3.5.1　裁剪图像 …………………… 37

　3.5.2　清除图像 …………………… 39

3.6　还原与重做 ……………………… 39

　3.6.1　使用菜单命令进行还原与重做 …… 39

　3.6.2　通过"历史记录"面板操作 …… 39

　3.6.3　创建非线性历史记录 ……… 40

3.7　课堂案例：制作证件照 ………… 41

3.8　高手解答 ………………………… 43

第 4 章　选区的创建与应用

4.1　认识选区 ………………………… 46

　4.1.1　选区的概念 ………………… 46

　4.1.2　选区的作用 ………………… 46

　4.1.3　选区的运算 ………………… 47

　4.1.4　选区的基本操作 …………… 48

4.2　使用基本选择工具 ……………… 49

　4.2.1　使用矩形选框工具 ………… 49

　4.2.2　使用椭圆选框工具 ………… 51

　4.2.3　使用单行 / 单列选框工具 …… 53

　4.2.4　使用套索工具 ……………… 53

　4.2.5　使用多边形套索工具 ……… 54

　4.2.6　使用磁性套索工具 ………… 55

4.3　使用魔棒工具、快速选择工具

　　　和对象选择工具 ………………… 56

　4.3.1　使用魔棒工具 ……………… 56

　4.3.2　使用快速选择工具 ………… 58

　4.3.3　使用对象选择工具 ………… 58

4.4　"色彩范围"命令的应用 ……… 59

4.5　设置选区属性 …………………… 61

　4.5.1　选择视图模式 ……………… 61

　4.5.2　调整选区边缘 ……………… 62

　4.5.3　选区输出设置 ……………… 64

4.6　修改和编辑选区 ………………… 64

　4.6.1　创建边界选区 ……………… 64

　4.6.2　平滑图像选区 ……………… 65

　4.6.3　扩展和收缩图像选区 ……… 66

　4.6.4　羽化图像选区 ……………… 68

　4.6.5　描边图像选区 ……………… 69

　4.6.6　变换图像选区 ……………… 69

　4.6.7　存储和载入选区 …………… 71

　4.6.8　载入当前图层的选区 ……… 72

4.7　课堂案例：制作节日活动海报 ············· 73
4.8　高手解答 ···································· 76

第 5 章　选择与填充颜色

5.1　选择颜色 ···································· 78
　　5.1.1　选择前景色与背景色 ··············· 78
　　5.1.2　使用"拾色器"对话框 ············· 79
　　5.1.3　使用"颜色"面板组 ··············· 80
　　5.1.4　使用"吸管"工具组 ··············· 80
　　5.1.5　存储颜色 ·························· 82
5.2　填充与描边 ·································· 83
　　5.2.1　使用油漆桶工具 ··················· 83
　　5.2.2　使用"填充"命令 ················· 85
　　5.2.3　图像描边 ·························· 87
5.3　填充渐变色 ·································· 88
　　5.3.1　使用渐变工具 ····················· 89
　　5.3.2　杂色渐变 ·························· 91
　　5.3.3　创建新的渐变预设 ················· 92
5.4　课堂案例：制作饰品宣传海报 ············· 92
5.5　高手解答 ···································· 96

第 6 章　色调与色彩的调整

6.1　调色前的准备工作 ························· 98
　　6.1.1　"信息"面板 ····················· 98
　　6.1.2　"直方图"面板 ··················· 99
　　6.1.3　直方图数据 ······················ 99
6.2　自动调色命令 ····························· 100

6.2.1　"自动色调"命令 ··················· 100
6.2.2　"自动对比度"命令 ················· 101
6.2.3　"自动颜色"命令 ··················· 101
6.3　快速调整图像色彩 ························ 101
　　6.3.1　照片滤镜 ························· 102
　　6.3.2　去色 ····························· 102
　　6.3.3　反相 ····························· 103
　　6.3.4　色调均化 ························· 103
6.4　调整图像明暗关系 ························ 104
　　6.4.1　亮度 / 对比度 ···················· 104
　　6.4.2　色阶 ····························· 105
　　6.4.3　曲线 ····························· 106
　　6.4.4　阴影 / 高光 ······················ 108
　　6.4.5　曝光度 ··························· 109
6.5　调整图像颜色 ····························· 110
　　6.5.1　自然饱和度 ······················ 110
　　6.5.2　色相 / 饱和度 ···················· 111
　　6.5.3　色彩平衡 ························· 112
　　6.5.4　匹配颜色 ························· 113
　　6.5.5　替换颜色 ························· 115
　　6.5.6　可选颜色 ························· 115
　　6.5.7　通道混合器 ······················ 117
　　6.5.8　渐变映射 ························· 119
　　6.5.9　色调分离 ························· 120
　　6.5.10　黑白 ···························· 120
　　6.5.11　阈值 ···························· 121
6.6　课堂案例：调出宝宝的嫩白肌肤 ········· 122
6.7　高手解答 ··································· 124

第 7 章　绘画与图像修饰

7.1　绘图工具 ··································· 126
　　7.1.1　画笔工具 ························· 126

7.1.2 认识"画笔设置"面板 ·········· 126

7.1.3 铅笔工具 ················ 132

7.1.4 颜色替换工具 ·········· 133

7.1.5 混合器画笔工具 ·········· 133

7.2 图像的简单修饰 ·········· **135**

7.2.1 模糊工具和锐化工具 ···· 135

7.2.2 减淡工具和加深工具 ···· 135

7.2.3 涂抹工具 ················ 136

7.2.4 海绵工具 ················ 137

7.3 修复瑕疵图像 ·········· **138**

7.3.1 仿制图章工具 ·········· 138

7.3.2 图案图章工具 ·········· 139

7.3.3 污点修复画笔工具 ······ 140

7.3.4 修复画笔工具 ·········· 141

7.3.5 修补工具 ················ 142

7.3.6 内容感知移动工具 ······ 143

7.3.7 红眼工具 ················ 143

7.4 历史记录画笔工具组 ···· **144**

7.4.1 使用历史记录画笔工具 ·· 144

7.4.2 使用历史记录艺术画笔工具 ·· 145

7.5 课堂案例：制作绚丽光斑 ···· **146**

7.6 高手解答 ·········· **148**

第 8 章 路径与矢量图形

8.1 了解路径与绘图模式 ···· **150**

8.1.1 认识绘图模式 ·········· 150

8.1.2 路径的结构 ·········· 150

8.2 使用钢笔工具组 ·········· **151**

8.2.1 钢笔工具 ················ 151

8.2.2 自由钢笔工具 ·········· 153

8.2.3 添加锚点工具 ·········· 153

8.2.4 删除锚点工具 ·········· 154

8.2.5 转换点工具 ·········· 154

8.3 编辑路径 ·········· **155**

8.3.1 复制路径 ················ 155

8.3.2 删除路径 ················ 156

8.3.3 将路径转换为选区 ······ 156

8.3.4 填充路径 ················ 157

8.3.5 描边路径 ················ 158

8.4 绘制形状图形 ·········· **159**

8.4.1 矩形工具 ················ 159

8.4.2 圆角矩形工具 ·········· 161

8.4.3 椭圆工具 ················ 161

8.4.4 多边形工具 ·········· 161

8.4.5 直线工具 ················ 162

8.4.6 编辑形状 ················ 164

8.4.7 自定形状 ················ 165

8.5 课堂案例：制作杂志封面 ···· **166**

8.6 高手解答 ·········· **170**

第 9 章 图层的基本应用

9.1 认识图层 ·········· **172**

9.1.1 什么是图层 ·········· 172

9.1.2 "图层"面板 ·········· 172

9.2 新建图层 ·········· **173**

9.2.1 创建新图层 ·········· 173

9.2.2 创建文字图层 ·········· 174

9.2.3 创建形状图层 ·········· 174

9.2.4 创建填充或调整图层 ···· 175

9.3 编辑图层 ·········· **176**

9.3.1 复制图层 ················ 176

9.3.2 删除图层 ················ 176

9.3.3 隐藏与显示图层 ········ 177

9.3.4 查找和隔离图层 ········ 177

9.3.5　链接图层 ……………………… 178
9.3.6　合并和盖印图层 ……………… 179
9.3.7　背景图层与普通图层的转换 … 180
9.4　排列与分布图层 ……………………… 180
9.4.1　调整图层的顺序 ……………… 180
9.4.2　对齐图层 ……………………… 181
9.4.3　分布图层 ……………………… 182
9.5　管理图层 ……………………………… 183
9.5.1　创建图层组 …………………… 183
9.5.2　编辑图层组 …………………… 183
9.6　课堂案例：合成图像 ………………… 185
9.7　高手解答 ……………………………… 186

第 10 章　图层混合与图层样式

10.1　图层的不透明度与混合模式 ……… 188
10.1.1　设置图层的不透明度 ………… 188
10.1.2　设置图层的混合模式 ………… 188
10.2　关于混合选项 ……………………… 192
10.2.1　通道混合 …………………… 192
10.2.2　挖空效果 …………………… 193
10.2.3　混合颜色带 ………………… 194
10.3　应用图层样式 ……………………… 194
10.3.1　添加图层样式 ……………… 195
10.3.2　使用"样式"面板 ………… 202
10.4　管理图层样式 ……………………… 204
10.4.1　展开和折叠图层样式 ……… 204
10.4.2　复制与删除图层样式 ……… 204
10.4.3　栅格化图层样式 …………… 205
10.4.4　缩放图层样式 ……………… 206
10.5　课堂案例：制作比赛海报 ………… 206
10.6　高手解答 …………………………… 208

第 11 章　文字设计

11.1　创建文字 …………………………… 210
11.1.1　创建美术文本 ……………… 210
11.1.2　创建段落文字 ……………… 211
11.1.3　创建路径文字 ……………… 212
11.1.4　创建文字选区 ……………… 213
11.2　编辑文字属性 ……………………… 214
11.2.1　选择文字 …………………… 214
11.2.2　改变文字方向 ……………… 215
11.2.3　设置字符属性 ……………… 215
11.2.4　设置段落属性 ……………… 217
11.2.5　编辑变形文字 ……………… 219
11.3　文字转换和栅格化 ………………… 220
11.3.1　将文字转换为路径 ………… 220
11.3.2　将文字转换为图形形状 …… 221
11.3.3　栅格化文字 ………………… 222
11.4　课堂案例：制作时尚名片 ………… 222
11.5　高手解答 …………………………… 226

第 12 章　通道与蒙版

12.1　认识通道 …………………………… 228
12.1.1　通道分类 …………………… 228
12.1.2　"通道"面板 ……………… 229
12.2　创建通道 …………………………… 230
12.2.1　创建 Alpha 通道 …………… 230
12.2.2　创建专色通道 ……………… 231
12.3　编辑通道 …………………………… 231
12.3.1　选择通道 …………………… 231

12.3.2 通道与选区的转换 ·············· 232

12.3.3 复制通道 ·························· 232

12.3.4 删除通道 ·························· 233

12.3.5 通道的分离与合并 ·············· 233

12.3.6 通道的运算 ···················· 234

12.4 认识蒙版 ······················ 235

12.4.1 蒙版的种类 ···················· 235

12.4.2 蒙版属性面板 ·················· 236

12.5 应用蒙版 ······················ 236

12.5.1 图层蒙版 ······················ 237

12.5.2 矢量蒙版 ······················ 238

12.5.3 剪贴蒙版 ······················ 239

12.5.4 快速蒙版 ······················ 240

12.6 课堂案例：制作艺术边框 ······ 242

12.7 高手解答 ······················ 244

第 13 章 应用滤镜

13.1 初识滤镜 ······················ 246

13.1.1 滤镜菜单的使用 ·············· 246

13.1.2 滤镜库的使用 ················ 247

13.2 独立滤镜的使用 ·············· 247

13.2.1 液化滤镜 ······················ 247

13.2.2 消失点滤镜 ···················· 249

13.2.3 镜头校正滤镜 ················ 250

13.2.4 Camera Raw 滤镜 ············ 251

13.2.5 智能滤镜 ······················ 252

13.3 滤镜库中的滤镜 ·············· 252

13.3.1 风格化滤镜组 ················ 252

13.3.2 画笔描边滤镜组 ·············· 254

13.3.3 扭曲滤镜组 ···················· 255

13.3.4 素描滤镜组 ···················· 257

13.3.5 纹理滤镜组 ···················· 259

13.3.6 艺术效果滤镜组 ·············· 260

13.4 其他滤镜的应用 ·············· 263

13.4.1 模糊滤镜组 ···················· 263

13.4.2 模糊画廊滤镜组 ·············· 264

13.4.3 像素化滤镜组 ················ 265

13.4.4 杂色滤镜组 ···················· 267

13.4.5 渲染滤镜组 ···················· 268

13.4.6 锐化滤镜组 ···················· 269

13.5 课堂案例：制作冰雕图像 ······ 270

13.6 高手解答 ······················ 273

第 14 章 图像自动化处理与打印输出

14.1 应用"动作"面板 ·············· 276

14.1.1 新建动作 ······················ 276

14.1.2 新建动作组 ···················· 277

14.1.3 应用动作 ······················ 278

14.2 编辑动作 ······················ 278

14.2.1 添加动作项目 ················ 278

14.2.2 复制动作 ······················ 279

14.2.3 删除动作 ······················ 280

14.3 批处理图像 ···················· 280

14.4 打印输出 ······················ 281

14.4.1 图像的印前准备 ·············· 281

14.4.2 图像打印的基本设置 ·········· 282

第 15 章 综合案例

15.1 房地产平面广告设计 ·········· 284

15.2 甜品店海报设计 ·············· 287

第1章 图像处理基础知识

　　图像处理是一种使用计算机对图像进行分析，以达到所需结果的技术。在学习运用
Photoshop 进行图像处理之前，首先要对图像的基本概念和色彩模式等知识有所了解。
　　本章将介绍与 Photoshop 图像处理相关的基础知识，包括图像的分类、图像色彩模式、
像素与分辨率、色彩构成、常用的图像格式等内容。

1.1　图像的分类

以数字方式记录、处理和保存的图像文件称为数字图像，它是计算机图像的基本类型。数字图像可根据其不同特性分为两大类：位图和矢量图。

1.1.1　位图

位图也称为点阵图，是由许多点组成的。其中每一点即为一像素，每一像素都有自己的颜色、强度和位置。将位图尽量放大后，可以发现图像是由大量的正方形小块构成的，不同的小块上显示不同的颜色和亮度。位图图像文件所占的空间较大，对系统硬件要求较高，且与分辨率有关。图 1-1 和图 1-2 所示分别为位图的原图与放大两倍后的对比效果。

图 1-1　原图效果

图 1-2　放大两倍后的效果

1.1.2　矢量图

矢量图又称向量图，它以数学的矢量方式来记录图像的内容，其中的图形组成元素被称为对象。这些对象都是独立的，具有不同的颜色和形状等属性，可自由、无限制地重新组合。无论将矢量图放大多少倍，图像都具有同样平滑的边缘和清晰的视觉效果，如图 1-3 和图 1-4 所示。

图 1-3　原图效果

图 1-4　放大后依然清晰

矢量图在标志设计、插图设计及工程制图上占有很大的优势。其缺点是所绘制的图像一般色彩简单，不容易绘制出色彩丰富的图像，也不便于在各种软件之间进行转换。

Photoshop 2020 图像处理标准教程（全彩版）

1.2 图像色彩模式

计算机中存储的图像色彩具有多种模式，不同的色彩模式在描述图像时所用的数据位数也不同，位数多的色彩模式，占用的存储空间就较大。大部分图像处理软件支持的色彩模式主要包括 RGB 模式、灰度模式、CMYK 模式、位图模式、Lab 模式等。

1.2.1 RGB 模式

Photoshop 的 RGB 模式为彩色图像中每一像素的 R、G、B 分量指定一个 0(黑色) 和 255(白色) 之间的强度值。当 R、G、B 这 3 个分量的值相等时，结果是中性灰色；当 R、G、B 分量的值均为 255 时，结果是纯白色；当 R、G、B 分量的值均为 0 时，结果是纯黑色。

RGB 图像通过 3 种颜色或通道，可以在屏幕上重新生成多达 1670 万种颜色。这 3 个通道转换为每像素 24 (即 8×3) 位的颜色信息 (在 16 位 / 通道的图像中，这些通道转换为每像素 48 位的颜色信息，具有再现更多颜色的能力)。

1.2.2 灰度模式

灰度模式使用多达 256 级灰度。灰度图像中的每一像素都有一个 0(黑色) 和 255(白色) 之间的亮度值。灰度值也可以用黑色油墨覆盖的百分比来度量 (0 表示白色，100% 表示黑色)。使用黑白或灰度扫描仪生成的图像通常以灰度模式显示。

1.2.3 CMYK 模式

在 Photoshop 的 CMYK 模式中，为每一像素的每种印刷油墨都指定了一个百分比值。为较亮 (高光) 颜色指定的印刷油墨颜色百分比较低，而为较暗 (暗调) 颜色指定的印刷油墨颜色百分比较高。

在准备用印刷色打印图像时，应使用 CMYK 模式。将 RGB 模式转换为 CMYK 模式可产生分色。如果由 RGB 图像开始，最好先编辑，然后再将其转换为 CMYK 模式。

1.2.4 位图模式

位图模式其实就是黑白模式，位图模式的图像只有黑色和白色的像素，通常线条稿采用这种模式。只有双色调模式和灰度模式可以转换为位图模式，如果要将位图图像转换为其他模式，需要先将其转换为灰度模式。

1.2.5 Lab 模式

Lab 模式是 Photoshop 在不同颜色模式之间转换时使用的中间颜色模式。在 Lab 模式中，亮度分量 (L) 的范围是 0～100。在拾色器中，a 分量 (绿色到红色轴) 和 b 分量 (蓝色到黄色轴) 的范围是 −128～128。在"颜色"调板中，a 分量和 b 分量的范围是 −120～120。

1.3　像素与分辨率

在使用 Photoshop 进行图像处理的过程中，通常会遇到像素和分辨率这两个术语。下面就简单介绍一下它们。

● 1.3.1　像素

像素是 Photoshop 中所编辑图像的基本单位。我们可以把像素看成是一个极小的颜色方块，每个小方块为一像素，也可称为栅格。

一幅图像通常由许多像素组成，这些像素被排列成横行和竖列，每一像素都是一个方形。用缩放工具将图像放大到足够大时，就可以看到类似马赛克的效果，每个小方块就是一像素。每一像素都有不同的颜色值。文件包含的像素越多，其所包含的信息也就越多，因此文件越大，图像品质也越好。

● 1.3.2　分辨率

图像分辨率是指单位面积内图像所包含像素的数目，通常用"像素 / 英寸"和"像素 / 厘米"表示。分辨率的高低直接影响图像的效果，如图 1-5 和图 1-6 所示。使用太低的分辨率会导致图像粗糙，在排版打印时图像会变得非常模糊；而使用较高的分辨率则会增加文件的大小，并降低图像的打印速度。

图 1-5　分辨率为 300 的效果　　　　　　　图 1-6　分辨率为 30 的效果

在计算机图像设计中，分辨率又可以分为图像分辨率、屏幕分辨率和打印分辨率，各种分辨率的含义如下。

- 图像分辨率：图像分辨率用于确定图像的像素数目，其单位有"像素 / 英寸"和"像素 / 厘米"。例如，若一幅图像的分辨率为 300 像素 / 英寸，则表示该图像中每英寸包含 300 像素。
- 屏幕分辨率：屏幕分辨率是指显示器上每单位长度显示的像素或点的数目，单位为"点 / 英寸"。例如，72 点 / 英寸表示显示器上每英寸包含 72 个点。普通显示器的典型分辨率约为 96 点 / 英寸，苹果显示器的典型分辨率约为 72 点 / 英寸。
- 打印分辨率：打印分辨率又称为输出分辨率，指绘图仪、激光打印机等输出设备在输出图像时每英寸所产生的油墨点数。如果使用与打印机输出分辨率成正比的图像分辨率，就能产生较好的输出效果。

1.4　色彩构成

色彩是平面设计中的重要构成部分。一个好的平面设计作品，离不开合理的色彩搭配。要进行色彩搭配，就需了解色彩构成的相关知识。

1.4.1 色彩构成概念

色彩构成是从人对色彩的知觉和心理效果出发，用科学分析的方法，把复杂的色彩现象还原为基本要素，利用色彩在空间、量与质上的可变换性，按照一定的规律去组合各构成要素之间的相互关系，再创建出新的色彩效果的过程。色彩构成是艺术设计的基础理论之一，它与平面构成及立体构成有着不可分割的关系，色彩不能脱离形体、空间、位置、面积、肌理等而独立存在。

1.4.2 色彩三要素

色彩是由色相、饱和度、明度 3 个要素组成的，下面介绍一下各要素的特点。

1. 色相

色相是色彩的一种最基本的感觉属性，这种属性可以使人们将光谱上的不同部分区分开来，即按红、橙、黄、绿、青、蓝、紫等色彩感觉区分色谱段。若缺失了这种视觉属性，色彩就像全色盲人的世界那样。根据有无色相属性，可以将外界引起的色彩感觉分成两大体系：有彩色系与非彩色系。

- 有彩色系：具有色相属性的色觉。有彩色系具有色相、饱和度和明度三个量度。
- 非彩色系：不具备色相属性的色觉。非彩色系只有明度一种量度，其饱和度等于零。

2. 饱和度

饱和度是指那种能使人对有色相属性的视觉在色彩鲜艳程度上做出评判的视觉属性。有彩色系的色彩，其鲜艳程度与饱和度成正比，根据人们使用色素物质的经验，色素浓度越高，颜色越浓艳，饱和度也越高。

3. 明度

明度是指那种可以使人区分出明暗层次的非彩色觉的视觉属性。这种明暗层次决定亮度的强弱，即光刺激能量水平的高低。根据明度感觉的强弱，从最明亮到最暗可以分成 3 个层次：白——高明度端的非彩色觉、黑——低明度端的非彩色觉、灰——介于白与黑之间的中间层次明度感觉。

1.4.3 三原色、间色和复色

现代光学向人们展示了太阳光是由红、橙、黄、绿、青、蓝、紫 7 种颜色的光组成的。我们可以通过三棱镜或雨后彩虹观察到这种现象。在阳光的作用下，大自然中的色彩变化是丰富多彩的，人们在丰富的色彩变化中，逐渐认识和了解了颜色之间的相互关系，并根据它们各自的特点和性质，总结出了色彩的变化规律，并把颜色概括为原色、间色和复色 3 大类。

- 原色：也叫"三原色"，即红、黄、蓝 3 种基本颜色。自然界中的色彩种类繁多，变化丰富，但这 3 种颜色却是最基本的原色，原色是其他颜色调配不出来的。把原色相互混合，可以调配出其他颜色。
- 间色：又叫"二次色"。它是由三原色调配出来的颜色。红与黄调配出橙色；黄与蓝调配出绿色；红与蓝调配出紫色。橙、绿、紫三种颜色又叫"三间色"。在调配时，由于原色在分量多少上有所不同，因此能产生丰富的间色变化。
- 复色：也叫"复合色"。复色是用原色与间色相调或用间色与间色相调而成的"三次色"。复色是最丰富的色彩家族，千变万化，丰富异常，复色包括除原色和间色以外的所有颜色。

1.4.4　色彩搭配方法

　　颜色绝不会单独存在，一种颜色的效果是由多种因素来决定的：物体的反射光、周边搭配的色彩、观看者的欣赏角度等。下面将介绍 6 种常用的色彩搭配方法，掌握好这几种方法，能够让画面中的色彩搭配显得更具有美感。

- 互补设计：使用色相环上全然相反的颜色，得到强烈的视觉冲击力。
- 单色设计：使用同一种颜色，通过加深或减淡该颜色，来调配出不同深浅的颜色，使画面具有统一性。
- 中性设计：加入一种颜色的补色或黑色使其他色彩消失或中性化。使用这种颜色设计的画面显得更加沉稳、大气。
- 无色设计：不用彩色，只用黑、白、灰 3 种颜色。
- 类比设计：在色相环上任选 3 种连续的色彩，或选择任意一种明色和暗色。
- 冲突设计：在色相环中将一种颜色和它左边或右边的色彩搭配起来，形成冲突感。

1.5　常用的图像格式

　　Photoshop 共支持 20 多种格式的图像，使用不同的文件格式保存图像，对图像将来的应用起着非常重要的作用。用户可以根据工作环境的不同选用相应的图像文件格式，以便获得最理想的效果。下面介绍一些常见的图像文件格式的特点和用途。

1.5.1　PSD 格式

　　PSD 格式是 Photoshop 软件生成的格式，是唯一能支持全部图像色彩模式的格式，可以保存图像的图层、通道等许多信息。在未完成图像处理任务前，它是一种常用且可以较好地保存图像信息的格式。

1.5.2　TIFF 格式

　　TIFF 格式是一种无损压缩格式，是为色彩通道图像创建的最有用的格式。因此，TIFF 格式是应用非常广泛的一种图像格式，可以在许多图像软件之间转换。TIFF 格式支持带 Alpha 通道的 CMYK、RGB 和灰度文件，支持不带 Alpha 通道的 Lab、索引颜色和位图文件。另外，它还支持 LZW 压缩。

1.5.3　BMP 格式

　　BMP 格式是微软公司绘图软件的专用格式，也就是常见的位图格式。它支持 RGB、索引颜色、灰度和位图模式，但不支持 Alpha 通道。位图格式产生的文件较大，但它是最通用的图像文件格式之一。

1.5.4　JPEG 格式

　　JPEG 格式是一种有损压缩格式，主要用于图像预览及超文本文档，如 HTML 文档等。JPEG 格式支

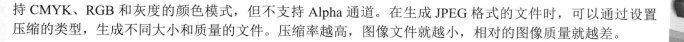

持 CMYK、RGB 和灰度的颜色模式，但不支持 Alpha 通道。在生成 JPEG 格式的文件时，可以通过设置压缩的类型，生成不同大小和质量的文件。压缩率越高，图像文件就越小，相对的图像质量就越差。

1.5.5 GIF 格式

GIF 格式的文件是 8 位图像文件，最多为 256 色，不支持 Alpha 通道。GIF 格式生成的文件较小，常用于网络传输，在网页上见到的图片大多是 GIF 和 JPEG 格式的。与 JPEG 格式相比，GIF 格式的优势在于其文件可以保存动画效果。

1.5.6 PNG 格式

PNG 格式可以使用无损压缩方式压缩文件，它支持 24 位图像，产生的透明背景没有锯齿边缘，因此可以产生质量较好的图像效果。

1.5.7 PDF 格式

PDF 格式是 Adobe 公司开发的用于 Windows、Mac OS、UNIX 和 DOS 系统的一种电子出版软件的文档格式，适用于不同平台。PDF 文件可以包含矢量图和位图，还可以包含导航和电子文档查找功能。在 Photoshop 中将图像文件保存为 PDF 格式时，系统将弹出"PDF 选项"对话框，在其中用户可选择压缩格式。

1.5.8 EPS 格式

EPS 格式的文件可以包含矢量图和位图，被几乎所有的图像、示意图和页面排版软件所支持，是用于图形交换的最常用格式。其最大的优点在于可以在排版软件中以低分辨率预览，而在打印时以高分辨率输出。它不支持 Alpha 通道，可以支持裁切路径。

EPS 格式支持 Photoshop 所有的颜色模式，可以用来存储矢量图和位图。在存储位图时，还可以将图像的白色像素设置为透明的效果。

1.6 高手解答

问：在图像设计中，矢量图有什么特点？

答：矢量图在标志设计、插图设计及工程绘图上占有很大的优势，无论将矢量图放大多少倍，图像都具有同样平滑的边缘和清晰的视觉效果；其缺点是所绘制的图像一般色彩简单，不容易绘制出色彩变化丰富的图像，也不便于在各种软件之间进行转换。

问：在 Photoshop 中绘制图像时，应该选择哪种色彩模式？

答：用户可以根据不同的需要采用不同的色彩模式。例如，不需要进行打印或印刷的图像，通常采用 RGB 模式。如果是用于印刷的设计稿，则需要采用 CMYK 模式来设计图像。

问：在进行图像处理时，使用太低的分辨率和太高的分辨率分别会有哪些影响？

答：在进行图像处理时，使用太低的分辨率会导致图像粗糙，在打印时图片会变得模糊。而使用太高

的分辨率则会增加文件的大小，并降低图像的打印速度。

问：如何将位图图像转换为其他模式？

答：只有双色调模式和灰度模式可以转换为位图模式，如果要将位图图像转换为其他模式，则需要先将其转换为灰度模式才可以。

问：在色彩构成中，原色是指哪几种颜色？有什么特点？

答：在色彩构成中，原色也叫"三原色"，即红、黄、蓝3种基本颜色。这3种颜色是最基本的原色，是其他颜色调配不出来的；将原色相互混合，可以调配出其他颜色。

读书笔记

第2章 Photoshop 基础知识

　　在学习 Photoshop 之前，首先需要认识 Photoshop 的工作界面，并掌握 Photoshop 文件的操作和辅助工具的设置。掌握这些基本知识和操作后，有利于整体了解 Photoshop，为后面的学习打下良好的基础。

　　本章将介绍 Photoshop 的基础知识，其中包括 Photoshop 的应用领域、工作界面、如何显示图像，以及图像处理中的一些辅助设置等内容。

练习实例：缩放显示图像

2.1 初识 Photoshop

Photoshop 是 Adobe 公司推出的一款专业的图像处理软件，凭借其简单易学、人性化的工作界面，并集图像设计、扫描、编辑、合成以及高品质输出功能于一体，而深受用户的喜爱。

2.1.1 Photoshop 的应用领域

Photoshop 作为专业的图像处理软件，可以进行图像编辑、图像合成、调整图像色调和特效制作等操作。Photoshop 的应用领域主要包括平面设计、视觉创意、数码照片处理、网页设计及建筑效果图后期处理等。

- 平面设计：平面设计是 Photoshop 应用最为广泛的领域，无论是海报，还是图书封面，这些具有丰富图像的平面印刷品基本都需要使用 Photoshop 对图像进行处理，如图 2-1 所示。
- 视觉创意：通过 Photoshop 的艺术处理可以将原本不相干的图像组合在一起，也可以发挥想象力自行设计富有新意的作品，利用色彩效果等在视觉上表现全新的创意，如图 2-2 所示。

图 2-1　平面设计　　　　　　　　　　　　图 2-2　视觉创意

- 数码照片处理：使用 Photoshop 可以进行各种数码照片的合成、修复和上色操作，如数码照片的偏色校正、更换照片背景、为人物更换发型、去除斑点等。Photoshop 同时也是影楼设计师的得力助手，使用该软件处理后的照片效果如图 2-3 和图 2-4 所示。

图 2-3　照片处理效果 1　　　　　　　　　图 2-4　照片处理效果 2

- 网页设计：Photoshop 是必不可少的网页图像处理软件，网络的普及促使更多的人需要学习和掌握 Photoshop。使用该软件处理后的网页设计效果如图 2-5 所示。
- 建筑效果图后期处理：在制作的建筑效果图中包括许多三维场景时，人物配景和场景颜色常常需要使用 Photoshop 进行调整。使用该软件处理后的建筑效果如图 2-6 所示。

图 2-5　网页设计效果

图 2-6　建筑效果图

2.1.2　启动与退出 Photoshop

在使用 Photoshop 之前，需要掌握 Photoshop 的启动和退出操作。启动与退出 Photoshop 的方法与大多数的应用程序相似。

1. 启动 Photoshop 2020

安装好 Photoshop 2020 以后，可以通过如下 3 种常用方法启动该应用程序。
- 单击计算机屏幕左下方的■按钮，然后在程序列表中选择相应的命令来启动 Photoshop 2020 应用程序，如图 2-7 所示。
- 使用鼠标双击桌面上的 Photoshop 2020 的快捷图标，可以快速启动 Photoshop 2020 应用程序，如图 2-8 所示。

图 2-7　选择命令

图 2-8　双击快捷图标

使用鼠标双击 Photoshop 文件可以启动 Photoshop 2020 应用程序，如图 2-9 所示。

使用前面介绍的方法启动 Photoshop 2020 应用程序后，将出现如图 2-10 所示的启动画面，随后即可进入 Photoshop 2020 的工作界面。

图 2-9 双击文件

图 2-10 启动界面

2. 退出 Photoshop 2020

在完成 Photoshop 2020 应用程序的使用后，用户可以通过如下两种常用方法退出 Photoshop。

单击"文件"菜单，然后选择"退出"命令，即可退出 Photoshop 2020 应用程序，如图 2-11 所示。

单击 Photoshop 2020 应用程序窗口右上角的"关闭"按钮 ，即可退出 Photoshop 2020 应用程序，如图 2-12 所示。

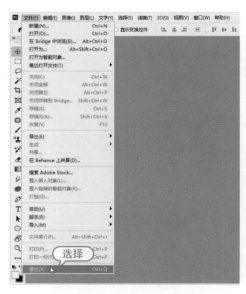

图 2-11 选择"退出"命令

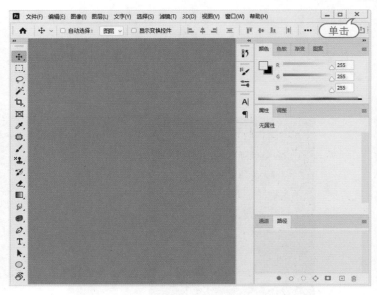

图 2-12 单击"关闭"按钮

进阶技巧

按 Ctrl+Q 组合键，可以快速退出 Photoshop 2020 应用程序。

2.1.3 Photoshop 2020 的启动界面

在 Photoshop 2020 中，默认状态下启动后的工作界面与之前的版本略有不同。当用户打开软件后，将进入一个只有菜单栏和打开图像记录的操作界面，如图 2-13 所示。单击左侧的"新建"或"打开"按钮可以新建或打开图像文件，窗口中间显示的图像为之前打开过的图像文件的记录，单击所需的图像可以直接打开该文件。

图 2-13 Photoshop 2020 的启动界面

2.1.4 Photoshop 2020 的工作界面

启动 Photoshop 2020 应用程序后，会从启动界面中进入 Photoshop 的工作界面。该界面主要由菜单栏、属性栏、控制面板、工具箱、图像窗口和状态栏等部分组成，如图 2-14 所示。

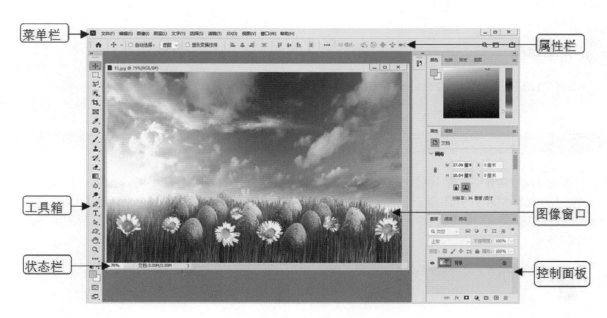

图 2-14　Photoshop 的工作界面

1. 菜单栏

Photoshop 2020 的菜单栏包括了进行图像处理的各种命令，共有 11 个菜单项，各菜单项的作用如下。

- 文件：在其中可进行文件的操作，如文件的打开、保存等。
- 编辑：其中包含一些编辑命令，如剪切、复制、粘贴、撤销操作等。
- 图像：主要用于对图像进行操作，如处理文件和画布的尺寸、分析和修正图像的色彩、图像模式的转换等。
- 图层：在其中可执行图层的创建、删除等操作。
- 文字：用于打开字符和段落面板，以及用于文字的相关设置等操作。
- 选择：主要用于选取图像区域，且对其进行编辑。
- 滤镜：包含众多的滤镜命令，可对图像或图像的某个部分进行模糊、渲染、扭曲等特殊效果的制作。
- 3D：用于创建 3D 图层，以及对图像进行 3D 处理等操作。
- 视图：主要用于对 Photoshop 2020 的编辑屏幕进行设置，如改变文档视图的大小、缩小或放大图像的显示比例、显示或隐藏标尺和网格等。
- 窗口：用于对 Photoshop 2020 工作界面的各个面板进行显示和隐藏。
- 帮助：通过它可快速访问 Photoshop 2020 帮助手册，其中包括几乎所有 Photoshop 2020 的功能、工具及命令等信息，还可以访问 Adobe 公司的站点、注册软件、插件信息等。

选择上述某个菜单项后，会展开对应的菜单及子菜单命令，图 2-15 所示是"图像"菜单中包含的命令。其中灰色的菜单命令表示未被激活，当前不能使用；命令后面的按键组合，表示在键盘中按相应键或组合键即可执行对应的命令。

知识点滴

在其后带有…符号的命令，表示执行该命令后将打开一个对话框。

2. 工具箱

默认状态下，Photoshop 2020 工具箱位于窗口左侧。工具箱中有部分工具按钮的右下角带有黑色小三角形标记▪，表示这是一个工具组，其中隐藏着多个子工具。单击并按住其中的工具组按钮，可以展开该工具组中的子工具对象，如选择"裁剪工具"，该工具组中的所有子工具如图 2-16 所示。

在使用工具的过程中，用户可以通过单击工具箱上方的双三角形按钮▶▶将工具箱变为双列方式，如图 2-17 所示。

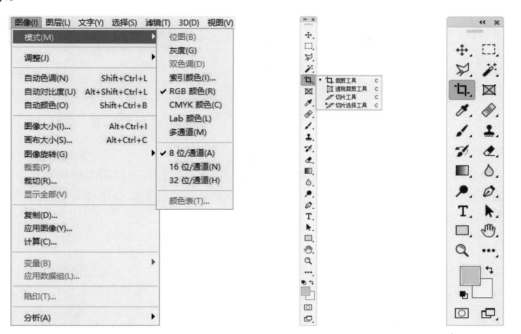

图 2-15 "图像"菜单　　图 2-16 工具及子工具的名称　图 2-17 双列式工具箱

3. 属性栏

属性栏位于菜单栏的下方，当用户选中工具箱中的某个工具时，属性栏就会变成相应工具的属性栏。在属性栏中，用户可以方便地设置对应工具的各种属性。如图 2-18 所示为渐变工具的属性栏。

图 2-18 渐变工具的属性栏

4. 控制面板

Photoshop 2020 提供了 20 多个控制面板，通常控制面板是浮动在图像上方的，不会被图像所覆盖。默认情况下面板都依附在工作界面的右侧，用户也可以将它拖动到屏幕的任何位置，通过它实现选择颜色、编辑图层、新建通道、编辑路径和撤销编辑等操作。

在"窗口"菜单中可以选择需要打开或隐藏的面板。选择"窗口"|"工作区"|"基本功能(默认)"命令，将得到如图 2-19 所示的面板组合。

单击面板右上方的双三角形按钮 ▶▶，可以将面板缩小为图标，如图 2-20 所示。要使用缩小为图标的面板时，单击所需面板的按钮，即可弹出对应的面板，如图 2-21 所示。

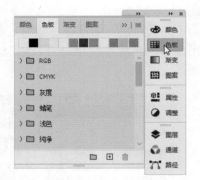

图 2-19　基本功能面板组　　　图 2-20　面板缩览图　　　图 2-21　显示面板

5. 图像窗口

图像窗口是图像文件的显示区域，也是可以编辑或处理图像的区域。在图像的标题栏中会显示文件名称、格式、显示比例、色彩模式、所属通道和图层状态。如果该文件未被存储过，则标题栏以"未命名"并加上连续的数字作为文件的名称。

6. 状态栏

图像窗口底部的状态栏会显示图像的相关信息。最左端的百分数指示当前图像窗口的显示比例，在其中输入数值后，按 Enter 键可以改变图像的显示比例，中间显示当前图像文件的大小，如图 2-22 所示。

图 2-22　状态栏

2.2　图像文件的基本操作

使用 Photoshop 进行图像处理前，需要掌握 Photoshop 文件的基本操作，包括新建、打开、保存和关闭文件等。

2.2.1　新建图像

在制作一幅新的图像之前，首先需要建立一个空白图像文件。选择"文件"|"新建"命令，或按 Ctrl+N 组合键，打开"新建文档"对话框。在该对话框右侧"预设详细信息"栏下方可以输入文件的名称，设置文件的宽度、高度、分辨率等信息，如图 2-23 所示，设置好信息后，单击"创建"按钮即可新建一个自定义的图像文件。

在"新建文档"对话框上方有一排灰色文字选项，分别是 Photoshop 自带的几种图像规格，若选择"图稿和插画"选项，即可在下方显示几种图稿文件规格，如图 2-24 所示。选择一种文件规格，单击对话框右下方的"创建"按钮即可新建一个图像文件。

图 2-23　"新建文档"对话框　　　　　　　图 2-24　"图稿和插画"预设选项

"新建文档"对话框中各选项的含义分别介绍如下。

- 📥：在该图标左侧单击，可输入文字为新建图像文件进行命名，默认为未标题 -X。单击该图标，可以保存设置好的尺寸和分辨率等参数的预设信息。
- 宽度和高度：用于设置新建文件的宽度和高度，用户可以输入 1~300000 的任意一个数值。
- 分辨率：用于设置图像的分辨率，其单位有像素 / 英寸和像素 / 厘米。
- 颜色模式：用于设置新建图像的颜色模式，其中有"位图""灰度""RGB 颜色""CMYK 颜色""Lab 颜色"5 种模式可供选择。
- 背景内容：用于设置新建图像的背景色，系统默认为白色，也可设置为背景色和透明色。
- 高级选项：在"高级选项"选项区域中，用户可以对"颜色配置文件"和"像素长宽比"两个选项进行更专业的设置。

2.2.2　打开图像

Photoshop 允许用户同时打开多个图像文件进行编辑。选择"文件"|"打开"命令，或按 Ctrl+O 组合键可以打开"打开"对话框，在"查找范围"下拉列表中找到要打开文件所在的位置，然后选择要打开的图像文件，如图 2-25 所示，单击"打开"按钮即可打开所选择的文件，如图 2-26 所示。

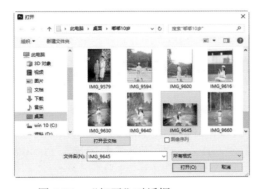

图 2-25　"打开"对话框　　　　　　　　图 2-26　打开的图像

 进阶技巧

选择"文件"|"打开为"命令，可以在指定被选取文件的图像格式后将文件打开；选择"文件"|"最近打开文件"命令，可以打开最近编辑过的图像文件。

2.2.3　保存图像

在对图像文件进行编辑的过程中，当完成关键的步骤后，应该即时对文件进行保存，以免因误操作或者死机等意外情况受到损失。

新建一个图像文件，对文件中的图像进行编辑后，选择"文件"|"存储"命令，可以打开"另存为"对话框，在该对话框中设置保存文件的路径和名称，如图 2-27 所示。单击"保存类型"下拉按钮，在其下拉列表中选择文件的保存类型，如图 2-28 所示。单击"保存"按钮，即可完成文件的保存操作，以后按照保存文件的路径就可以找到并打开此文件。

图 2-27　"另存为"对话框

图 2-28　设置文件的保存类型

进阶技巧

如果是对已存在或已保存的文件进行再次存储，只需要按 Ctrl+S 组合键或选择"文件"|"存储"命令，即可按照原路径和名称保存文件。如果要更改文件的路径和名称，则需要选择"文件"|"存储为"命令，打开"另存为"对话框，对保存路径和名称进行重新设置。

2.2.4　导入图像

在 Photoshop 中，用户可以通过选择"文件"|"导入"命令，在其子菜单中选择相应的命令来导入图像，如图 2-29 所示。可以使用数码相机和扫描仪通过"WIA 支持"导入图像，如果使用"WIA 支持"，Photoshop 将与 Windows 系统和数码相机或扫描仪软件配合工作，从而将图像直接导入 Photoshop 中。

2.2.5　导出图像

使用导出命令可以将 Photoshop 中所绘制的图像或路径导出到相应的软件中。选择"文件"|"导出"命令，在其子菜单中可以选择相应的命令，如图 2-30 所示。用户可以将 Photoshop 文件导出为其他文件格式，如 Illustrator 格式等，除此之外，还能够将文件导出到相应的软件中进行编辑。

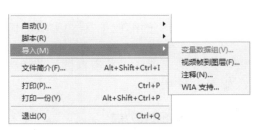

图 2-29　"导入"命令　　　　　　　　　　　图 2-30　"导出"命令

2.2.6　关闭图像

当用户编辑和绘制好一幅图像并保存后，可以将已经保存的图像文件关闭，这样可以不占用软件内存，使运行速度更快。可以使用如下几种方法关闭当前的图像窗口。

- 单击图像窗口标题栏最右端的"关闭"按钮。
- 选择"文件"|"关闭"命令。
- 按 Ctrl+W 组合键。
- 按 Ctrl +F4 组合键。

2.3　图像显示控制

在编辑图像的过程中，对图像进行放大或缩小显示能够更好地对图像应用各种操作。下面分别介绍图像显示的控制方式。

2.3.1　100% 显示图像

当新建或打开一个图像时，图像一般以适应于界面的大小显示，该图像所在的图像窗口底部状态栏的左侧数值框中会显示当前图像的显示百分比，如图 2-31 所示。

- 在图像窗口状态栏左侧数字框中输入 100%，即可 100% 显示图像。
- 双击工具箱中的缩放工具即可 100% 显示图像。
- 选择缩放工具，在图像中单击鼠标右键，在弹出的快捷菜单中选择 100% 命令，如图 2-32 所示。

图 2-31　图像的显示百分比为 25%

要将图像显示为 100% 比例，有以下几种常用方法。

图 2-32　选择 100% 命令

对图像缩放是为了便于用户对图像进行查看和修改。使用工具箱中的缩放工具 🔍 缩放图像是用户经常采用的方式。

练习实例：缩放显示图像	
文件路径	第 2 章 \ 缩放显示图像
技术掌握	缩放显示图像

01 打开"01.jpg"素材图像，选择工具箱中的缩放工具 🔍，将光标移到图像窗口中，此时光标将呈放大镜样式显示，其内部还显示一个"十"字形，如图2-33 所示。

图 2-33　光标样式

02 单击鼠标左键，图像会根据当前图像的显示大小进行放大，如图 2-34 所示，如果当前显示为100%，则每单击一次放大一倍，单击处的图像会显示在图像窗口的中心。

图 2-34　放大显示图像

03 取消选中属性栏中的"细微缩放"复选框，然后在图像窗口中按住鼠标左键拖动绘制出一个矩形区域，如图 2-35 所示，释放鼠标后可将区域内的图像放大显示，如图 2-36 所示。

04 按住 Alt 键或单击属性栏左侧的 🔍 按钮，此时鼠标呈放大镜样式显示，并且内部会出现一个"—"

字形，如图 2-37 所示，单击鼠标，图像将被缩小显示，如图 2-38 所示。

图 2-35　框选要放大的局部图像

图 2-36　放大后的局部图像

图 2-37　光标样式

图 2-38　缩小显示图像

Photoshop 2020 图像处理标准教程（全彩版）

2.3.3　全屏显示图像

除了可以局部缩放图像外，还可以对图像做全屏显示。打开一个图像文件，直接单击两次工具箱底部的"更改屏幕模式"按钮 ▣，从而依次显示不同的模式屏幕。第一次单击该按钮可以得到带有菜单栏的全屏显示模式，如图 2-39 所示；第二次单击该按钮，可以得到全屏显示模式，全屏显示模式下，将隐藏所有的面板、菜单、状态栏等，如图 2-40 所示。

图 2-39　带有菜单栏的全屏模式　　　　　　　　图 2-40　全屏显示模式

知识点滴

在全屏显示模式下，按 Tab 键可以显示隐藏的面板，按 Esc 键可以退出该模式。

2.3.4　排列图像窗口

当同时打开多个图像时，图像窗口会以层叠的方式显示，但这样不利于图像的显示和查看，这时可通过排列操作来规范图像的摆放方式，以美化工作界面。

在默认情况下，打开的多个图像在工作界面中以合并到选项卡中的方式排列，如图 2-41 所示，用户可以根据需要选择其他的排列方式，如选择"窗口"|"排列"|"全部垂直拼贴"命令，得到的排列效果如图 2-42 所示。

图 2-41　合并到选项卡中的排列效果　　　　　　图 2-42　全部垂直拼贴的排列效果

2.4　Photoshop 辅助设置

在处理图像的过程中，使用 Photoshop 中的辅助设置可以使处理后的图像更加精确，辅助设置主要包括界面设置、工作区设置等。

2.4.1　常规设置

选择"编辑"|"首选项"|"常规"命令，可以进入 Photoshop 常规选项的设置中，如图 2-43 所示。在其中可以设置"拾色器""图像插值"等选项，也可以设置"复位所有警告对话框""在退出时重置首选项"等属性。

2.4.2　界面设置

选择"编辑"|"首选项"|"界面"命令，可以进入界面选项的设置中，如图 2-44 所示。在其中可以设置屏幕的颜色和边界颜色，还可以设置各种面板和菜单的颜色等属性。

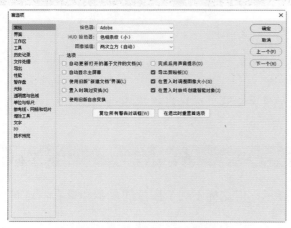

图 2-43　"常规"选项

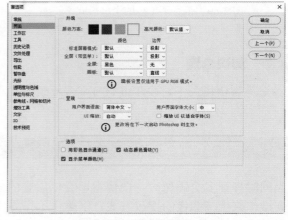

图 2-44　"界面"选项

在"外观"和"选项"下面的各选项中，可以对 Photoshop 的界面和面板等外观显示进行设置。

- 颜色方案：其中包含 4 种界面颜色，用户可以根据需要选择所需的界面颜色。
- 标准屏幕模式 / 全屏（带菜单）/ 全屏 / 画板：可设置在这几种屏幕模式下，屏幕的颜色和边界效果。
- "用彩色显示通道"复选框：默认情况下，各种图像模式的各个通道都以灰度显示，如图 2-45 所示，选中该复选框，可以用相应的颜色显示颜色通道，如图 2-46 所示。
- "显示菜单颜色"复选框：选中该复选框，可以让菜单中的某些命令显示为彩色。

图 2-45　灰度显示

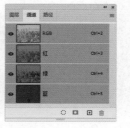

图 2-46　彩色显示

2.4.3 工作区设置

选择"编辑"|"首选项"|"工作区"命令，进入"工作区"选项对话框，在其中可以设置面板的折叠方式、文档的打开方式，以及文档窗口的停放方式等，如图 2-47 所示。

2.4.4 暂存盘设置

在"首选项"对话框中选择"暂存盘"选项，可以看到系统中分区的磁盘，Photoshop 中默认选择为 C:\ 盘，如图 2-48 所示。

图 2-47 "工作区"选项

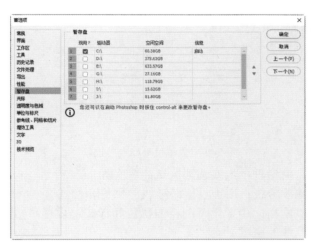

图 2-48 "暂存盘"选项

当系统没有足够的内存来执行某个操作时，Photoshop 将使用一种专有的虚拟内存技术来扩大内存，也就是暂存盘。暂存盘是任何具有空闲内存的驱动器或驱动器分区，默认情况下，Photoshop 将安装了操作系统的硬盘驱动器用作主暂存盘。在该选项中可以将暂存盘修改到其他驱动器上，另外，包含暂存盘的驱动器应定期进行碎片整理。

2.4.5 单位与标尺设置

选择"编辑"|"首选项"|"单位与标尺"命令，打开"首选项"对话框，在该对话框中可以改变标尺的度量单位并指定列宽，如图 2-49 所示。

标尺的度量单位有 7 种：像素、英寸、厘米、毫米、点、派卡、百分比。按下 Ctrl ＋ R 组合键可控制标尺的显示和隐藏。在"列尺寸"选项区域中可调整标尺的列尺寸。在"点 / 派卡大小"选项区域中有两个单选按钮，通常选中的是"PostScript(72 点 / 英寸)"单选按钮。

 知识点滴

为了切换方便，可直接在"信息"面板中单击左侧的"+"符号，在弹出的菜单中切换标尺单位。

2.4.6　参考线、网格和切片设置

选择"编辑"|"首选项"|"参考线、网格和切片"命令，打开"首选项"对话框，如图 2-50 所示。对话框右侧的色块显示了参考线、网格和切片的颜色，单击各选项后面的色块，可以修改其颜色。

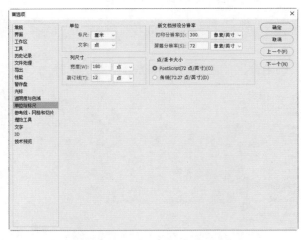

图 2-49　"单位与标尺"选项　　　　　　图 2-50　"参考线、网格和切片"选项

对话框中主要选项区域的含义如下。

- 参考线：用于设置参考线的颜色和样式。
- 网格：用于设置网格的颜色和样式，设置"网格线间隔"和"子网格"两个选项，可改变栅格中网格线的密度。
- 切片：用于设置切片边界框的颜色。选中"显示切片编号"复选框，可以显示切片的编号。

2.5　清理缓存数据

当用户在 Photoshop 中编辑图像时，随着图层越来越多，会遇到计算机运行速度变慢的情况，这是因为 Photoshop 需要保存大量的中间数据而造成的。选择"编辑"|"清理"命令，打开其子菜单选择相应的命令，可以清理"历史记录"面板、剪贴板和视频高速缓存等占用的内存。

2.6　高手解答

问：Photoshop 有哪些作用？通常可以应用到哪些领域？

答：使用 Photoshop 可以进行图像编辑、图像合成、图像色调调整和特效制作等操作。Photoshop 的应用领域主要包括平面设计、视觉创意、数码照片处理、网页设计及建筑效果图后期处理等。

问：如何选择工具组中的子工具？

答：单击并按住工具组按钮，可以展开该工具组的子工具，在工具列表中可选择需要的工具。

问：如何才能将已存在或已保存的文件以其他名称或路径进行保存？

答：要将已存在或已保存的文件以其他名称或路径进行保存，需要选择"文件"|"存储为"命令，打开"另存为"对话框，然后对保存路径和名称进行重新设置。

第3章 图像编辑的基本操作

　　本章主要学习图像的基本编辑，其中包括调整图像的大小和方向、调整画布的大小、移动图像、复制图像、裁剪与清除图像，以及对图像应用各种变换等。还将学习如何通过擦除图像工具对图像做不同程度的擦除，并制作出不同的图像效果。在编辑图像的过程中，还要掌握对图像进行还原与重做操作。

练习实例：调整图像大小　　　　　练习实例：制作水中的玻璃瓶
练习实例：调整画布大小　　　　　练习实例：裁剪照片
练习实例：缩放图像对象　　　　　练习实例：还原操作
练习实例：移动图像　　　　　　　练习实例：创建非线性历史记录
练习实例：复制图像　　　　　　　课堂案例：制作证件照
练习实例：制作倒影

3.1 图像的基本调整

为了更好地使用 Photoshop 绘制和处理图像，用户应该掌握图像的常用调整方法，其中包括图像和画布大小的调整，以及图像方向的调整等。

● 3.1.1 调整图像大小

对图像文件进行编辑时，如果图像的大小不合适，用户可以通过改变图像的像素、高度、宽度和分辨率来调整图像的大小。

练习实例：调整图像大小	
文件路径	第 3 章 \ 调整图像大小
技术掌握	调整图像的大小

01 选择"文件" |"打开"命令，打开"01.jpg"素材文件，将光标移到当前图像窗口底端的状态栏中，单击右侧的 ❯ 按钮，在弹出的菜单中可以选择要在状态栏中显示的类型，默认情况下选择的是"文档大小"选项，如图 3-1 所示。

图 3-2　显示图像大小信息

图 3-1　选择要在状态栏中显示的图像文件信息

02 将光标移到状态栏中的文档信息栏中，单击并按住鼠标左键不放，可以显示出当前图像文件的宽度、高度、分辨率等信息，如图 3-2 所示。

03 选择"图像" |"图像大小"命令，或者按 Ctrl+Alt+I 组合键，打开"图像大小"对话框，在其中可以重新设置图像的大小，如图 3-3 所示。

04 完成图像大小的设置后，单击"确定"按钮，即可调整图像的大小。在文档状态栏中可以查看调整后的信息，如图 3-4 所示。

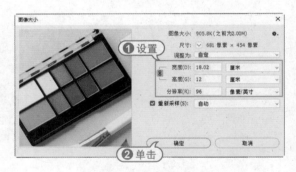

图 3-3　"图像大小"对话框

图 3-4　调整后的图像

"图像大小"对话框中常用选项的作用如下。

- 图像大小：显示当前图像的大小。
- 尺寸：显示当前图像的长宽值，单击选项中的下拉按钮⌄，可以设置图像长宽的单位。
- 调整为：可以在右方的下拉列表中直接选择图像的大小。
- 宽度/高度：可以设置图像的宽度和高度。
- 分辨率：可以设置图像分辨率的大小。
- 限制长宽比 🔗：默认情况下，图像是按比例进行缩放的，单击该按钮，将取消限制长宽比，图像可以不再按比例进行缩放，可以分别修改宽度和高度。

3.1.2 调整画布大小

图像画布大小是指当前图像周围工作空间的大小。使用"画布大小"命令可以精确地设置图像画布的尺寸，用户可以加大画布尺寸来增加图像的编辑空间。

练习实例：调整画布大小	
文件路径	第3章\调整画布大小
技术掌握	调整画布的大小

01 打开"01.jpg"素材文件，选择"图像"|"画布大小"命令，或右击图像窗口顶部的标题栏，在弹出的快捷菜单中选择"画布大小"命令，如图3-5所示。

图3-5 选择"画布大小"命令

02 打开"画布大小"对话框，可以在"当前大小"区域中查看图像的宽度和高度参数。在"定位"区域中单击箭头指示按钮，以确定画布扩展方向，然后在"新建大小"区域中输入新的宽度和高度，如图3-6所示。

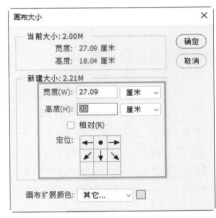

图3-6 定位和设置画布大小

 进阶技巧

在调整画布大小时，一定要注意定位画布的位置，不同的定位将得到不同的调整效果。

03 在"画布扩展颜色"下拉列表中可以选择画布的扩展颜色，或者单击右方的颜色按钮，打开"拾色器(画布扩展颜色)"对话框。在该对话框中可以设置画布的扩展颜色，如图3-7所示，单击"确定"按钮，返回"画布大小"对话框。

04 单击"确定"按钮，即可得到修改后的画布大小，选择横排文字工具在其中输入文字，效果如图3-8所示。

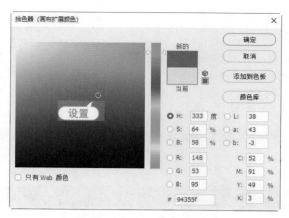

图 3-7　设置画布扩展颜色

图 3-8　修改后的画布大小效果

3.1.3　调整图像方向

要调整整体图像的方向，可以选择"图像"|"旋转画布"命令，在弹出的子菜单中选择相应命令来完成图像的旋转，如图 3-9 所示。

- 180 度：选择该命令可将整个图像旋转 180 度。
- 顺时针 90 度：选择该命令可将整个图像顺时针旋转 90 度。
- 逆时针 90 度：选择该命令可将整个图像逆时针旋转 90 度。
- 任意角度：选择该命令，可以打开如图 3-10 所示的"旋转画布"对话框，在"角度"文本框中输入要旋转的角度值，范围为 −359.99 ～ 359.99，旋转的方向由"顺时针"或"逆时针"单选按钮决定。
- 水平翻转画布：选择该命令可将整个图像水平翻转。
- 垂直翻转画布：选择该命令可将整个图像垂直翻转。

图 3-9　子菜单

图 3-10　设置旋转角度

对"01.jpg"素材图像的方向进行调整，各种翻转效果如图 3-11 所示。

(a) 旋转 180 度　　(b) 顺时针旋转 90 度　　(c) 水平翻转　　(d) 逆时针旋转 90 度　　(e) 垂直翻转

图 3-11　各种翻转效果

3.2　变换和变形图像

在 Photoshop 中，除了对整个图像进行调整外，还可以对文件中单一的图像对象进行操作。其中包括缩放对象、旋转与斜切对象、扭曲与透视对象、翻转对象、内容识别缩放和操控变形等。

3.2.1　缩放对象

在 Photoshop 中调整对象的大小时，可以通过选择"编辑"|"变换"|"缩放"命令，然后通过调整控制方框的方式来改变图像对象的大小。

练习实例：缩放图像对象	
文件路径	第 3 章\缩放图像对象
技术掌握	调整单一图像对象的大小

01 打开"01.psd"素材图像文件，然后在"图层"面板中选择"520"图层，选择"编辑"|"变换"|"缩放"命令，"520"图像对象周围会出现一个控制方框，如图 3-12 所示。

图 3-12　使用"缩放"命令

02 选择并拖动任意一个角，即可对图像进行等比例缩放，如按住左上角向内拖动，可等比例缩小图像，如图 3-13 所示。

03 缩放到合适的大小后，将鼠标放到控制方框内，按住鼠标左键进行拖动，可以移动图像，调整图像的位置，然后双击鼠标左键，即可完成图像的缩放，如图 3-14 所示。

图 3-13　缩小图像　　　　图 3-14　调整图像位置

3.2.2　旋转对象

旋转对象的操作与缩放对象一样，选择"编辑"|"变换"|"旋转"命令，然后拖动方框中的任意一角，即可对图像对象进行旋转，如图 3-15 所示。

3.2.3　斜切对象

选择"编辑"|"变换"|"斜切"命令，然后拖动方框中的任意一角，即可对图像对象进行斜切操作，如图 3-16 所示。

3.2.4 扭曲对象

使用"扭曲"命令可以对图像进行扭曲。选择"编辑"|"变换"|"扭曲"命令，然后拖动方框中的任意一角，即可对图像进行扭曲操作，如图 3-17 所示。

3.2.5 透视对象

使用"透视"命令可以为图像添加透视效果。选择"编辑"|"变换"|"透视"命令，然后拖动方框中的任意一角，即可对图像进行透视操作，如图 3-18 所示。

   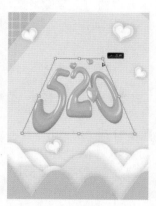

图 3-15　旋转图像　　　　图 3-16　斜切图像　　　　图 3-17　扭曲图像　　　　图 3-18　透视图像

3.2.6 变形对象

选择"编辑"|"变换"|"变形"命令，在属性栏中可以选择"交叉拆分变形""垂直拆分变形"和"水平拆分变形"命令，在变换框中添加网格线，通过对网格进行编辑即可达到图像局部扭曲变形的效果。按住网格中上下左右的小圆点进行拖动，调整控制手柄即可对图像进行变形编辑，如图 3-19 所示。

3.2.7 按特定角度旋转对象

选择"编辑"|"变换"命令，在其子菜单中可以选择 3 种特定角度旋转图像的命令，分别是"旋转 180 度""顺时针旋转 90 度"和"逆时针旋转 90 度"。选择"顺时针旋转 90 度"命令，得到的图像效果如图 3-20 所示；选择"逆时针旋转 90 度"命令，得到的图像效果如图 3-21 所示；选择"旋转 180 度"命令，得到的图像效果如图 3-22 所示。

3.2.8 翻转对象

在图像编辑过程中，若需要使用对称的图像，则可以将图像进行水平或垂直翻转。选择"编辑"|"变换"|"水平翻转"命令，可以将图像水平翻转，如图 3-23 所示；选择"编辑"|"变换"|"垂直翻转"命令，可以将图像垂直翻转，如图 3-24 所示。

图 3-19　变形图像

图 3-20　顺时针旋转 90 度

图 3-21　逆时针旋转 90 度

图 3-22　旋转 180 度

图 3-23　水平翻转图像

图 3-24　垂直翻转图像

 知识点滴

　　这里讨论的翻转图像是针对当前选中图层中的单一对象而言的，与"水平（垂直）翻转画布"命令有很大的区别。

● 3.2.9　内容识别缩放

　　常规缩放在调整图像大小时会统一影响所有像素，而"内容识别缩放"命令可以在不更改重要图像内容的情况下缩放图像大小。

　　打开一张需要调整的素材图像，如图 3-25 所示。首先对其进行常规缩放，效果如图 3-26 所示。选择"编辑"|"内容识别缩放"命令，对其进行缩放后，效果如图 3-27 所示。可以看到，使用"内容识别缩放"命令主要是对没有重要可视内容区域中的像素产生影响。

图 3-25　素材图像　　　　　　　图 3-26　常规缩放效果　　　　　　图 3-27　内容识别缩放效果

3.2.10　操控变形

操控变形是一种可视网格，对图像的变形非常灵活，通过网格和控制图钉，可以随意地扭曲特定的图像区域，并保持其他区域不变。"操控变形"通常用来修改人物的动作、发型等。

打开一张素材图像，如图 3-28 所示，确认需要变形的人物为单独的一个图层。选择"编辑"|"操控变形"命令，图像上将会布满网格，通过在图像中的关键点上添加"图钉"，可以修改人物的一些动作，如图 3-29 所示。如图 3-30 所示为修改手部和腿部动作后的效果。

图 3-28　素材图像　　　　　　图 3-29　在关键点上添加"图钉"　　　　图 3-30　修改手部和腿部动作后的效果

3.3　移动和复制图像

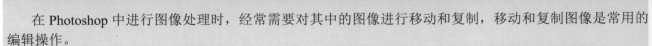

在 Photoshop 中进行图像处理时，经常需要对其中的图像进行移动和复制，移动和复制图像是常用的编辑操作。

3.3.1　移动图像

移动图像分为整体移动和局部移动，整体移动就是将当前工作图层上的图像从一个地方移到另一个位置或图像文件中，而局部移动就是对图像中的部分图像进行移动。在工具箱中选择移动工具 ，然后对图像进行拖动，即可移动图像。

练习实例：移动图像

文件路径	第 3 章 \ 移动图像
技术掌握	移动整体或局部图像

01 打开"01.psd"图像文件，在"图层"面板中选中"图层 1"，如图 3-31 所示。

图 3-31　打开图像文件并选择"图层 1"

02 选择工具箱中的移动工具 ✛，在图像上按住鼠标左键，将图像拖动到需要的位置，如图 3-32 所示。

图 3-32　移动图像

03 选择矩形选框工具 ▭，在属性栏中设置羽化值为 10 像素，在广告牌周围绘制一个羽化选区，将其框选起来，然后选择移动工具，将鼠标放到选区内，按住鼠标左键拖动，即可移动选定的图像，如图 3-33 所示。

图 3-33　移动部分图像

　知识点滴

　　按住 Alt 键的同时，使用移动工具拖动选区内的图像，可以对其进行复制，如图 3-34 所示。

图 3-34　复制移动图像

3.3.2　复制图像

　　在图像中创建选区后，可以对图像进行复制和粘贴操作。选择"编辑"|"拷贝"命令或按 Ctrl+C 组合键，可以将选区中的图像复制到剪贴板中，然后选择"编辑"|"粘贴"命令或按 Ctrl+V 组合键，即可将复制的图像进行粘贴，并自动生成一个新的图层。

练习实例：复制图像

文件路径	第 3 章 \ 复制图像
技术掌握	拷贝与合并拷贝图像

01 打开"图案.psd"图像文件，在"图层"面板中选择"图层 1"，然后选择"编辑"|"拷贝"命令，复制"图层 1"中的图像，如图 3-35 所示。

图 3-35 复制图层中的图像

02 打开"背景.jpg"图像，选择"编辑"|"粘贴"命令，将复制的图像粘贴到背景图像中，然后使用移动工具对复制的图像进行适当移动，如图 3-36 所示。

图 3-36 粘贴图像

03 打开"文字.psd"素材图像文件，选择"选择"|"全部"命令全选当前图像，或者按 Ctrl+A 组合键全选图像，如图 3-37 所示。

图 3-37 文字素材图像

04 选择"编辑"|"合并拷贝"命令，复制所有可见图层中的图像。

05 切换到背景图像中，选择"编辑"|"选择性粘贴"|"原位粘贴"命令，将图像粘贴到背景图像中，并保持其相对原图像的位置不变，效果如图 3-38 所示。

图 3-38 原位粘贴图像

3.4 擦除图像

使用橡皮擦工具组可以轻松擦除多余的图像，而保留需要的部分。在擦除的过程中还可以使图像产生一些特殊效果。

3.4.1 使用橡皮擦工具

使用橡皮擦工具 可以改变图像中的像素，主要用来擦除当前图像中的颜色。本节将讲解橡皮擦工具的使用方法。

 知识点滴

使用橡皮擦工具擦除图像时，如果擦除的图像为普通图层，则会将像素涂抹成透明的效果；如果擦除的是背景图层，则会将像素涂抹成工具箱中的背景颜色。

练习实例：制作倒影	
文件路径	第 3 章 \ 制作倒影
技术掌握	使用橡皮擦工具

01 打开"建筑.jpg"图像，在"图层"面板中将背景图层拖动到"创建新图层"按钮  上，对背景图层进行复制，如图 3-39 所示。

图 3-39　复制背景图层

02 选择"背景拷贝"图层，然后选择"编辑"|"变换"|"垂直翻转"命令，将复制的图像进行垂直翻转，如图 3-40 所示。

图 3-40　垂直翻转图像

03 选择"编辑"|"自由变换"命令，按住 Shift 键向下调整变形框，对复制的图像向下进行压缩，如图 3-41 所示。

04 在工具箱中选择橡皮擦工具 ，然后在属性栏中设置橡皮擦工具的大小，再适当擦除图像中的部分图像，如图 3-42 所示。

05 在属性栏中重新设置橡皮擦工具的大小和不透明度，再适当擦除图像中的部分图像，制作出图像的倒影效果，如图 3-43 所示。

图 3-41　向下压缩图像

图 3-42　擦除部分图像

图 3-43　倒影效果

3.4.2　使用背景橡皮擦工具

使用背景橡皮擦工具 可以直接将图像擦除为透明色，它是一种智能化的擦除工具，其功能非常强大，除了可以擦除图像外，还可以运用到抠图中，因为它能很好地保留图像边缘色彩。背景橡皮擦工具的属性栏如图 3-44 所示。

图 3-44　背景橡皮擦工具的属性栏

图 3-46　擦除背景图像

其中各选项的含义如下。

- 取样：其中包含 3 个按钮，用于设置擦除颜色的取样方式。单击"连续"按钮，可在擦除图像时对颜色进行取样，被取样的颜色将会被擦除；单击"一次"按钮，鼠标第一次单击的颜色将被设置为取样颜色，可在图像上擦除与取样颜色相同的区域；单击"背景色板"按钮，将背景色作为取样颜色，可擦除与背景色颜色相同或相近的区域。
- 限制：设置背景橡皮擦工具擦除的模式。其中，"不连续"选项可用于擦除所有具有取样颜色的像素；"连续"选项用于擦除光标位置附近具有取样颜色的像素；"查找边缘"选项可在擦除时保持图像边界的锐度。
- 容差：用于设置擦除颜色的范围。
- 保护前景色：选中此复选框，可以防止具有前景色的图像区域被擦除。

练习实例：制作水中的玻璃瓶	
文件路径	第 3 章 \ 水中玻璃瓶
技术掌握	使用背景橡皮擦工具

01 打开"玻璃瓶.jpg"素材图像文件，如图 3-45 所示。

图 3-45　素材图像

02 在工具箱中选择背景橡皮擦工具，然后在属性栏中设置画笔大小为 60，"容差"为 30，对背景图像进行擦除，得到透明背景图像，如图 3-46 所示。

03 打开"水花.jpg"素材图像文件，使用移动工具将抠取出来的玻璃瓶图像拖动过来，放到水花图像中，可以看到玻璃瓶下方边缘还有一些残留的背景图像，如图 3-47 所示。

04 选择橡皮擦工具，在属性栏中设置画笔大小为 30，擦除图像边缘，然后降低不透明度，适当擦除玻璃瓶底部图像，使其与水花自然融合，效果如图 3-48 所示。

图 3-47　拖入图像

图 3-48　擦除图像后的效果

3.4.3 使用魔术橡皮擦工具

魔术橡皮擦工具  是魔棒工具与背景橡皮擦工具的结合，只需在要擦除的颜色范围内单击，便可自动擦除该颜色处相近的图像区域，擦除后的图像背景显示为透明状态。魔术橡皮擦工具的属性栏如图 3-49 所示。

图 3-49　魔术橡皮擦工具的属性栏

其中主要选项的含义如下。

- 容差：在其中输入数值，可以设置被擦除图像颜色与取样颜色之间差异的大小，数值越小，擦除的图像颜色与取样颜色越相近。
- 消除锯齿：选中此复选框，会使擦除区域的边缘更加光滑。
- 连续：选中此复选框，可以擦除位于点选区域附近，并且在容差范围内的颜色区域，如图 3-50 和图 3-51 所示。不选中此复选框，只要在容差范围内的颜色区域都将被擦除，如图 3-52 所示。

图 3-50　源素材效果　　　　图 3-51　连续擦除效果　　　　图 3-52　不连续擦除效果

3.5　裁剪与清除图像

在编辑图像的过程中，除了常见的移动、复制、变换图像外，还经常需要根据设计需求对图像进行裁剪和清除等操作。

3.5.1 裁剪图像

使用工具箱中的裁剪工具  可以整齐地裁切选择区域以外的图像，调整画布大小。用户可以通过裁剪工具方便、快捷地获得需要的图像尺寸。裁剪工具的属性栏如图 3-53 所示。

图 3-53　裁剪工具的属性栏

其中各选项的含义如下。

- 比例：在该下拉列表中可以选择多种裁切的约束比例。

- 约束比例 [   ] ⇄ [   ]：通过输入数值来设置裁剪后图像的宽度和高度。
- 拉直：通过在图像中绘制一条直线来拉直图像。
- 设置其他裁切选项 ✿：单击该按钮可以对裁切的其他参数进行设置，如显示裁剪区域或自动居中预览等。
- 设置裁剪工具的叠加选项 ⊞：单击该按钮，可以在弹出的下拉菜单中选择裁剪网格叠加选项。
- 清除：单击该按钮，可清除前面的参数设置。
- 删除裁剪的图像：选中该复选框，裁剪区域中的内容将被删除。
- 复位裁剪 ↺：单击该按钮，将复位图像的裁剪框、图像的旋转以及长宽比设置。

练习实例：裁剪照片	
文件路径	第 3 章 \ 裁剪照片
技术掌握	使用裁剪工具

01 打开"照片.jpg"素材图像，如图 3-54 所示。

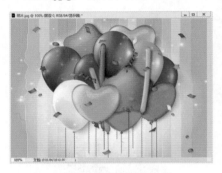

图 3-54　素材图像

02 选择裁剪工具 ┗┛，在图像中单击并拖动鼠标创建一个裁剪框，未被选择的区域都以透明灰色显示，如图 3-55 所示。

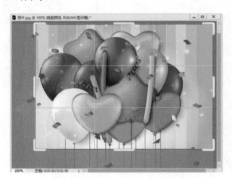

图 3-55　裁剪区域

03 在裁剪框中双击鼠标左键，或按下 Enter 键即可得到裁剪后的图像，如图 3-56 所示。

04 按 Ctrl+Z 组合键，撤销上一步操作，在裁剪工具的属性栏中设置约束比例为 16∶9，然后在图像

窗口中单击并拖动鼠标，即可出现固定比例大小的裁剪框，如图 3-57 所示。

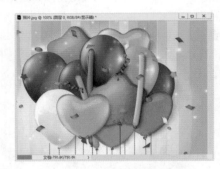

图 3-56　裁剪后的图像

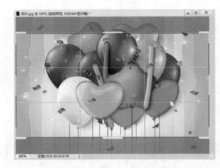

图 3-57　按约束比例裁剪图像

05 在裁剪框中单击鼠标右键，在弹出的快捷菜单中选择"裁剪"命令，即可对图像进行裁剪，如图 3-58 所示。

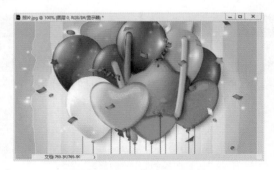

图 3-58　裁剪后的图像

3.5.2 清除图像

对于不需要的图像区域可以将其清除。清除图像的操作非常简单，只需在要清除的图像内容上创建一个选区，然后选择"编辑"|"清除"命令，或者按 Delete 键即可清除选区内的图像。

 知识点滴

如果清除的是非背景层图像，被清除的部分将变成透明区域；如果清除的是背景层图像，则被清除的部分将变成背景色。用户也可以通过按 Delete 键，打开"填充"对话框，然后以指定的内容填充要清除的区域。

3.6 还原与重做

在编辑图像的时候难免会执行一些错误的操作，使用还原操作即可轻松回到图像的原始状态，并且还可以通过该功能制作一些特殊效果。

3.6.1 使用菜单命令进行还原与重做

在编辑图像时，常常需要进行反复修改才能得到满意的效果，这样在操作过程中就需要对编辑的图像进行还原或对还原的操作进行重做。为此，用户可以通过以下方法来撤销误操作或进行重做操作。

- 还原：选择"编辑"|"还原"命令，或按 Ctrl+Z 组合键可以撤销最近一次进行的操作。
- 重做：选择"编辑"|"重做"命令，或按 Shift+Ctrl+Z 组合键可以重做被撤销的操作。
- 切换最终状态：选择"编辑"|"切换最终状态"命令，或按 Alt+Ctrl+Z 组合键可以撤销最后一步操作。

 知识点滴

在 Photoshop 旧版本中，"还原"命令的组合键是 Alt+Ctrl+Z。

3.6.2 通过"历史记录"面板操作

当用户使用其他工具在图像上进行误操作后，可以使用"历史记录"面板来还原图像。在对图像进行编辑的过程中，"历史记录"面板记录了对图像所进行的操作步骤，用户可以单击选择其中的操作步骤，从而将图像恢复到指定的操作状态。

练习实例：还原操作	
文件路径	第 3 章\还原操作
技术掌握	使用"历史记录"面板

01 选择"窗口"|"历史记录"命令，打开"历史记录"面板，如图 3-59 所示。

图 3-59　"历史记录"面板

02 打开任意一个图像，在"历史记录"面板中可以看到打开文件时的初始状态，如图 3-60 所示。

图 3-60　打开文件时的初始状态

03 对图像进行一些随意的操作，"历史记录"面板将记录对图像所进行的操作步骤，如图 3-61 所示。

图 3-61　记录的操作步骤

04 单击"历史记录"面板中的操作步骤，可以恢复到指定的操作状态，该步骤以下的操作都将以灰色显示，如图 3-62 所示。

图 3-62　恢复到指定的步骤

05 当用户进行新的操作时，灰色的操作都会被新的操作所代替，如图 3-63 所示。

图 3-63　进行新的操作

知识点滴

在 Photoshop 中，"历史记录"面板只记录对图像曾经操作的步骤，对面板、动作、首选项，以及颜色设置所进行的修改，是不会被记录下来的。

● 3.6.3　创建非线性历史记录

非线性历史记录允许用户在更改选择的状态时保留之前的操作，从而使用户能够更加方便地进行图像编辑。

练习实例：创建非线性历史记录	
文件路径	第 3 章 \ 非线性历史记录
技术掌握	创建非线性历史记录

01 打开任意一个图像文件，并对其进行一些随意的操作，在"历史记录"面板中将显示操作的步骤，如图 3-64 所示。

图 3-64　打开并编辑图像

02 单击"历史记录"面板右上方的▤按钮，在弹出的菜单中选择"历史记录选项"命令，如图 3-65 所示。

图 3-65　选择命令

03 打开"历史记录选项"对话框，选中"允许非线性历史记录"复选框，即可将历史记录设置为非线性状态，如图 3-66 所示。

04 在"历史记录"面板中选择一个操作步骤，撤销之后的几个操作步骤，如图 3-67 所示。

05 进行新的操作后，可以看到新的操作步骤记录将自动排在最下方，虽然撤销了前面几个步骤，但这些步骤的记录仍然保留在"历史记录"面板中，如图 3-68 所示。

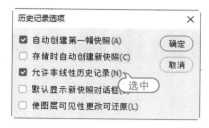

图 3-66　设置选项

图 3-67　选择一个操作步骤

图 3-68　非线性状态

3.7　课堂案例：制作证件照

课堂案例：制作证件照	
文件路径	第 3 章 \ 证件照
技术掌握	裁剪图像、应用橡皮擦、复制和移动图像

案例效果

　　本节将应用所学的图像基本编辑知识，制作证件照图像，掌握调整图像大小、剪裁图像、复制图像和移动图像等操作，本案例的效果如图 3-69 所示。

图 3-69　制作证件照

操作步骤

01 启动 Photoshop 2020，打开"美女.jpg"图像文件，如图 3-70 所示。

图 3-70　打开照片图像

02 单击工具箱中的裁剪工具 ⼔，在属性栏中设置裁剪尺寸为 3.5、4.9，如图 3-71 所示，然后在图像中拖动光标指定裁剪图像的区域，如图 3-72 所示。

03 单击工具箱中的前景色按钮，打开"拾色器（前景色）"对话框，设置背景色为红色(C10,M95,Y95,K0)，如图 3-73 所示。

04 单击工具箱中的画笔工具，在属性栏中设置橡皮擦的大小和不透明度，如图 3-74 所示，然后在图像中涂抹人物背景，使其呈红色，如图 3-75 所示。

图 3-71　设置裁剪工具属性

图 3-72　裁剪照片图像

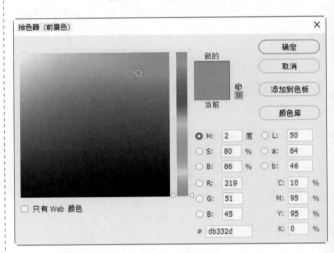

图 3-73　设置背景色

图 3-74　设置画笔工具

图 3-75　擦除背景

05 选择"图像"|"图像大小"命令，打开"图像大小"对话框，重新设置图像的大小为3.5厘米×4.9厘米，如图3-76所示。

图 3-76　设置图像大小

　知识点滴

　　这里重新设置了图像的大小，是因为2寸照片的尺寸为3.5厘米×4.9厘米。

06 选择"文件"|"新建"命令，打开"新建文档"对话框。在该对话框中输入文件的名称，然后设置文件的宽度为15.24厘米、高度为10.16厘米、分辨率为200像素/英寸，如图3-77所示。

图 3-77　设置文档参数

　知识点滴

　　这里是按照6寸相纸的尺寸设置的文档大小，2寸照片通常使用6寸相纸排版。

07 在工具箱中选择移动工具 ✛，然后拖动处理后的照片到新建的文档中，如图3-78所示。

图 3-78　拖入图像

08 按住Alt键，同时拖动照片图像，对其进行复制，并使用该方法对照片进行多次复制，完成本例的操作，最终效果如图3-79所示。

图 3-79　复制图像

3.8　高手解答

问：在 Photoshop 中，如何快速复制图像？
答：选中要复制的图像，然后在按住 Alt 键的同时，使用移动工具拖动选取的图像，即可对其进行复制。

问：使用橡皮擦工具擦除图像时，会产生什么效果？

答：使用橡皮擦工具擦除图像时，如果擦除的图像为普通图层，则会将像素涂抹成透明的效果；如果擦除的是背景图层，则会将像素涂抹成工具箱中的背景颜色。

问：魔术橡皮擦工具的作用是什么？

答：魔术橡皮擦工具是魔棒工具与背景橡皮擦工具的结合，只需在要擦除的颜色范围内单击，便可自动擦除该颜色处相近的图像区域，擦除后的图像背景显示为透明状态。

问：为什么按 Alt+Ctrl+Z 组合键不能一直还原之前的操作？

答：在 Photoshop 以往版本的默认状态下，按 Alt+Ctrl+Z 组合键可以一直还原之前的操作；但在 Photoshop 2020 版本中，"还原"命令的默认组合键为 Ctrl+Z，因此，需要按 Ctrl+Z 组合键才能一直还原之前的操作。

读书笔记

第4章 选区的创建与应用

　　选区是 Photoshop 中十分重要的功能之一，在图像中创建选区后，对图像所做的各种操作将只对选区内的图像有效，从而可以防止选区外的图像受到影响。本章将学习如何在 Photoshop 中创建和编辑选区，其中包括通过规则选框工具、套索工具、魔棒工具、快速选择工具创建选区，以及通过"色彩范围"命令创建选区的相关知识和操作。

练习实例：移动选区和图像　　　　　　练习实例：制作平滑选区
练习实例：绘制花卉标签　　　　　　　练习实例：制作浪漫花卉
练习实例：绘制淘宝促销图标　　　　　练习实例：制作羽化图像
练习实例：更换相框内容　　　　　　　练习实例：变换选区
练习实例：抠取图像　　　　　　　　　练习实例：为图像存储选区
练习实例：更换酒杯背景　　　　　　　课堂案例：制作节日活动海报
练习实例：绘制边界选区

4.1　认识选区

在 Photoshop 中，大多数操作都不是针对整个图像的，因此就需要用户创建选区来指定操作的区域。在创建选区之前，我们首先要了解选区的概念和作用。

● 4.1.1　选区的概念

在绘制图像和对图像进行局部处理时，就必须创建选区。可以通过各种选区创建工具在图像中拖动鼠标获取图像区域，并呈流动的蚂蚁爬行状显示，如图 4-1 所示。由于图像是由像素构成的，因此可以说选区也是由像素组成的，而像素是构成图像的基本单位，不能再分，故选区至少包含一个像素。如图 4-2 所示为将图像放大到一定程度时所观察到的选区效果。

呈流动的蚂蚁爬行状显示的选区

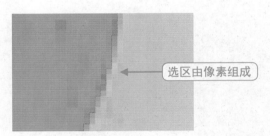

选区由像素组成

图 4-1　选区在图像中的显示效果　　　　　图 4-2　选区效果

● 4.1.2　选区的作用

在图像中创建选区后，对图像的处理范围将只限于选区内的图像。因此，选区在图像处理时起着保护选区外图像的作用，约束各种操作只对选区内的图像有效，防止选区外的图像受到影响。例如，使用椭圆选框工具在如图 4-3 所示的图像中创建一个圆形选区，其作用范围将仅限于圆形选区内的图像，在选区填色并降低其不透明度，效果如图 4-4 所示。

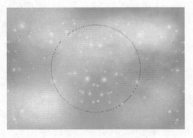

图 4-3　创建选区　　　　　图 4-4　在选区中填色并降低不透明度后的效果

　知识点滴

选区有 256 个级别，这和通道中 256 级灰度是相对应的，所以选区也是有级别之分的。对于灰度模式的图像所创建的选区可以为透明选区，有些像素可能只有 50% 的灰度被选中，当执行删除命令时，也只有 50% 的像素被删除。这方面的知识将在本书介绍通道时重点介绍。

在图像中创建选区后，可以通过选框工具创建新选区，并与已存在的旧选区进行运算。选择选框工具后，在属性栏中提供了"新选区""添加到选区""从选区减去"和"与选区交叉"运算按钮，分别如图4-5中所示。

图 4-5　选区运算按钮

🔹 新选区▣：单击该按钮后，可以在图像中创建一个新的选区，如图4-6所示。如果图像中已经存在选区，则新创建的选区将替换原有选区。

🔹 添加到选区▣：单击该按钮后，可以在原有选区的基础上添加新的选区，如图4-7所示为在现有矩形选区的基础上添加新的矩形选区。

图 4-6　创建新选区

图 4-7　添加新选区

🔹 从选区减去▣：单击该按钮，可以在原有选区中减去新创建的选区，如在原有矩形选区中绘制一个矩形选区，减去选区后的效果如图4-8所示。

🔹 与选区交叉▣：单击该按钮，图像中只保留原有选区与新选区相交部分的选区，如在原有矩形选区中绘制一个圆形选区，选区交叉后的效果如图4-9所示。

图 4-8　减选选区

图 4-9　与圆形选区交叉

4.1.4 选区的基本操作

在学习选区工具和命令的运用之前，首先来学习一下选区的基本操作方法，以便在创建选区后能更好地对其进行各种编辑操作。

1. 全选与反选

在一幅图像中，用户可以通过简单的方法对图像进行全选操作，或者在获取选区后，对图像进行反向选择操作。

选择"选择"|"全部"命令，或按 Ctrl+A 组合键即可全选图像。

选择"选择"|"反选"命令，或按 Ctrl+Shift+I 组合键即可反选选区。

2. 取消与重新选择

创建选区以后，选择"选择"|"取消选择"命令，或按 Ctrl+D 组合键，可以取消选区。如果要恢复被取消的选区，可以选择"选择"|"重新选择"命令。

3. 移动选区

使用选框工具可以直接移动选区，也可以使用移动工具 ⊹ 在移动选区的同时移动选区内的图像。

练习实例：移动选区和图像	
文件路径	第 4 章\移动选区和图像
技术掌握	移动选区和图像

01 打开"圣诞树.jpg"素材文件，选择套索工具 ρ，在属性栏中设置羽化值为 10，沿着圣诞树图像边缘创建一个选区，如图 4-10 所示。

图 4-10　创建选区

02 将鼠标光标放到选区中，当鼠标光标变成 ⯈ 形

状时，按住鼠标进行拖动，即可移动选区，如图 4-11所示。

图 4-11　移动选区

03 按 Ctrl+Z 组合键后退一步操作，选择移动工具 ⊹，将鼠标放到选区中按住鼠标左键拖动，可以直接移动选区中的图像，移动后的原位置将以背景色填充，效果如图 4-12 所示。

04 按 Ctrl+Z 组合键后退一步操作。选择移动工具 ⊹，按 Alt 键移动选区，可以移动并且复制选区中的图像，效果如图 4-13 所示。

图 4-12　移动选区图像

图 4-13　移动并复制选区图像

 4. 隐藏与显示选区

在图像中创建选区后，可以对选区进行隐藏或显示。选择"视图"|"显示"|"选区边缘"命令，或按 Ctrl+H 组合键可以隐藏选区。

知识点滴

用户在对选区内图像使用滤镜命令或画笔工具进行操作后，隐藏选区可以更好地观察图像边缘的状态。

4.2　使用基本选择工具

使用选框工具只能绘制具有规则几何形状的选区，而在实际工作中需要的选区远不止这么简单，用户可以通过 Photoshop 中的其他选区工具来创建各种复杂形状的选区。

4.2.1　使用矩形选框工具

使用矩形选框工具  可以绘制出矩形选区，并且还可以配合属性栏中的各项设置绘制出一些特定大小的矩形选区。选择工具箱中的矩形选框工具  后，其属性栏如图 4-14 所示。

图 4-14　矩形选框工具的属性栏

矩形选框工具属性栏中各选项的作用如下。

- ▣ ▣ ▣ ▣ 按钮：主要用于控制选区的创建方式。
- 羽化：在该文本框中输入数值可以在创建选区后得到使选区边缘柔化的效果，羽化值越大，则选区的边缘越柔和。
- 消除锯齿：当选择椭圆选框工具时该选项才可启用，主要用于消除选区锯齿边缘。
- 样式：在该下拉列表中可以设置选区的形状。其中"正常"为默认设置，可创建不同大小的选区；选择"固定比例"所创建的选区长宽比与设置保持一致；选择"固定大小"选项用于锁定选区大小。
- 选择并遮住：单击该按钮，将进入相应的界面中，在左侧工具箱中可以使用选区工具对选区进行修改，在右侧的"属性"面板中可以定义边缘的半径、对比度和羽化程度等，并对选区进行收缩和扩充，以及选择多种显示模式。

练习实例：绘制花卉标签

文件路径	第 4 章 \ 绘制花卉标签
技术掌握	创建矩形选区

01 打开"紫阳花.psd"素材文件，在工具箱中选择矩形选框工具 ，将光标移到图像窗口的左下方，按住鼠标左键进行拖动创建一个矩形选区，如图 4-15 所示。

图 4-15　创建矩形选区

02 设置前景色为白色，按 Alt+Delete 组合键填充选区，效果如图 4-16 所示。

图 4-16　填充选区颜色

进阶技巧

　　使用矩形选框工具创建选区时，按 Shift 键的同时拖动鼠标，可以创建一个正方形选区；按 Alt 键的同时拖动鼠标，将以单击点为中心创建选区；按 Alt+Shift 组合键的同时拖动鼠标，将以中心向外创建正方形选区。

03 按 Ctrl+D 组合键取消选区，单击"图层"面板底部的"创建新图层"按钮 ，新建图层 1，如图 4-17 所示。

图 4-17　新建图层

04 使用矩形选框工具在白色矩形中再次创建一个矩形选区，设置前景色为青紫色 (R190,G199,B238)，按 Alt+Delete 组合键填充选区，效果如图 4-18 所示。

图 4-18　创建并填充选区

05 使用鼠标左键在选区外单击，即可取消选区。再使用鼠标在青紫色矩形左上角内侧按住鼠标左键拖动，创建一个略小一些的矩形选区，然后按 Delete 键删除选区中的图像，如图 4-19 所示。

图 4-19　删除选区中的图像

06 按 Ctrl+D 组合键取消选区。打开 "花朵.psd" 素材文件，使用移动工具将图像拖动到当前编辑的图像中，然后将花朵图像放到白色矩形的左上方和右下方，如图 4-20 所示。

图 4-20　添加花朵图像

07 选择横排文字工具 **T.**，在白色矩形中输入三行英文文字。在属性栏中设置第一行文字字体为粗黑简体，填充为深青色 (R114,G129,B225)，再设置第二、三行文字字体为黑体，填充为相同的颜色，完成本例的操作，效果如图 4-21 所示。

图 4-21　最终效果

● 4.2.2　使用椭圆选框工具

使用椭圆选框工具 可以绘制椭圆形及圆形选区，其属性栏中的选项及功能与矩形选框工具中的基本相同。

练习实例：绘制淘宝促销图标	
文件路径	第 4 章 \ 淘宝促销图标
技术掌握	创建选区并填充颜色

01 打开 "蓝色背景.jpg" 素材文件，选择椭圆选框工具 ，按住 Shift 键拖动鼠标创建一个圆形选区，如图 4-22 所示。

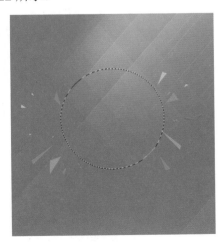

图 4-22　创建选区

02 新建一个图层，设置前景色为白色，按 Alt+Delete 组合键填充选区，然后按 Ctrl+D 组合键取消选区，效果如图 4-23 所示。

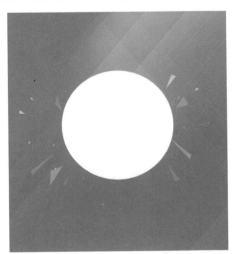

图 4-23　填充选区

03 选择 "图层" | "图层样式" | "描边" 命令，打开 "图层样式" 对话框，设置描边大小为 12 像素、颜色为红色 (R253,G47,B4)，如图 4-24 所示。

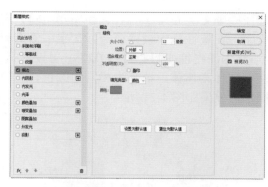

图 4-24 "图层样式"对话框

04 单击 [确定] 按钮，得到图像描边效果，如图 4-25 所示。

图 4-25 图像描边效果

05 选择椭圆选框工具 ○，在属性栏中设置"羽化"值为 20，然后在圆形底部创建一个椭圆形选区，如图 4-26 所示。

图 4-26 创建椭圆形选区

06 新建一个图层，设置前景色为黑色，按 Alt+Delete 组合键填充选区，然后适当降低该图层的不透明度，设置该值为 50%，如图 4-27 所示。得到的圆形阴影效果如图 4-28 所示。

07 选择多边形套索工具 ▽，在圆形图像中创建一个四边形选区，如图 4-29 所示。

图 4-27 设置图层不透明度

图 4-28 图形阴影效果

图 4-29 创建四边形选区

08 设 置 前 景 色 为 红 色 (R255,G24,B57)， 按 Alt+Delete 组合键填充选区，效果如图 4-30 所示。

图 4-30 填充选区

09 使用多边形套索工具 ，在四边形图像两侧分别创建一个三角形选区，并填充为深红色(R178,G27,B49)，使四边形图像更具有立体感，如图 4-31 所示。

(R255,G24,B57)，并在属性栏中分别设置字体为方正粗黑简体和黑体，效果如图 4-32 所示。

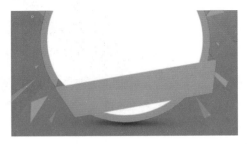

图 4-31　绘制对折面

10 选择横排文字工具 ，在圆形和四边形图像中分别输入文字，并填充为白色和红色

图 4-32　最终效果

4.2.3　使用单行 / 单列选框工具

使用单行选框工具 或单列选框工具 可以在图像中创建具有一个像素宽度的水平或垂直选区。选择工具箱中的单行或单列工具，在图像窗中单击即可创建单行或单列选区。如图 4-33 和图 4-34 所示分别为放大显示后的单行和单列选区。

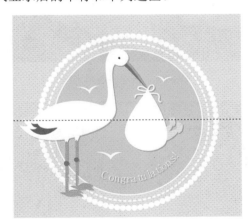

图 4-33　单行选区

图 4-34　单列选区

4.2.4　使用套索工具

套索工具 主要用于创建手绘类不规则选区，但不能用于精确创建选区。

选择工具箱中的套索工具 ，将鼠标指针移到要选取的图像起点处，按住鼠标左键不放沿图像的轮廓移动鼠标指针，如图 4-35 所示。完成后释放鼠标，所绘制的套索线将自动闭合成为选区，如图 4-36 所示。

图 4-35　按住鼠标拖动

图 4-36　得到选区

4.2.5　使用多边形套索工具

多边形套索工具 ![] 适用于选取边界为直线型的图像，使用它可以轻松创建多边形形状的图像选区。

练习实例：更换相框内容	
文件路径	第 4 章 \ 更换相框内容
技术掌握	使用多边形套索工具

01 打开"相框.jpg"素材文件，在工具箱中选择多边形套索工具 ![]，将光标移到图像中相框内侧的左上角，在该处单击鼠标左键，得到选区起点，如图 4-37 所示。

图 4-38　创建多边形选区

图 4-37　创建选区起点

02 沿着相框内边缘向右侧移动鼠标，到折角处单击鼠标，得到第二个点，继续移动光标，分别在其他两个点上单击，并返回起点处，如图 4-38 所示，便得到一个四边形选区，如图 4-39 所示。

图 4-39　得到选区

03 按 Ctrl+J 组合键复制选区中的图像，得到图层 1，如图 4-40 所示。

图 4-40 复制图像

04 打开"彩色背景.jpg"素材文件，使用移动工具将该背景拖动到当前编辑的图像中，按 Ctrl+T 组合键适当旋转和缩小图像，效果如图 4-41 所示。

图 4-41 添加素材图像

05 这时"图层"面板中将自动得到图层 2，如图 4-42 所示。选择"图层"|"创建剪贴蒙版"命令，与图层 1 进行修剪，即可将素材图像装入相框中，本实例完成后的效果如图 4-43 所示。

图 4-42 得到图层 2

图 4-43 完成后的图像效果

4.2.6 使用磁性套索工具

磁性套索工具适用于在图形颜色与背景颜色反差较大的区域创建选区，使用该工具可以轻松创建外边框很复杂的图像选区。

选择工具箱中的磁性套索工具按钮 ，按住鼠标左键不放沿图像的轮廓拖动鼠标指针，鼠标经过的地方会自动产生节点，并且会自动捕捉图像中对比度较大的图像边界，如图 4-44 所示。当到达起始点时单击鼠标即可得到一个封闭的选区，如图 4-45 所示。

图 4-44 沿图像边缘创建选区

图 4-45 得到选区

进阶技巧

在使用磁性套索工具时，可能会由于抖动或其他原因而在边缘处生成一些多余的节点，这时可以按 Delete 键删除最近创建的磁性节点，然后再继续创建选区。

4.3 使用魔棒工具、快速选择工具和对象选择工具

使用魔棒工具、快速选择工具和对象选择工具都可以快速在图像中创建选区，下面将详细介绍这三种工具的操作方法。

4.3.1 使用魔棒工具

使用魔棒工具 可以选择颜色一致的图像，从而获取选区。因此，该工具常用于选择颜色对比较强的图像。选择工具箱中的魔棒工具 后，其属性栏如图 4-46 所示。

图 4-46　魔棒工具的属性栏

魔棒工具属性栏中主要选项的作用如下。

- 容差：用于设置选取的色彩范围值，单位为像素，取值范围为 0~255。输入的数值越大，表示选取的颜色范围也越大；数值越小，表示选择的颜色值就越接近，得到选区的范围就越小。
- 消除锯齿：选中该复选框，可以消除选区的锯齿边缘。
- 连续：选中该复选框表示只选择颜色相邻的区域，取消选中时会选取颜色相同的所有区域。
- 对所有图层取样：选中该复选框后可以在所有可见图层上选取颜色相近的区域。

练习实例：抠取图像	
文件路径	第 4 章 \ 抠取图像
技术掌握	属性栏的设置

01 打开"草莓.jpg"素材文件，选择工具箱中的魔棒工具 ，在属性栏中设置"容差"值为 20，并且选中"连续"复选框，在图像中单击白色背景区域，即可获取背景图像选区，如图 4-47 所示。

02 选择"选择"|"反选"命令，得到草莓图像的选区，打开"牛奶.jpg"素材文件，使用移动工具将草莓图像直接拖动到牛奶图像中，如图 4-48 所示。这时"图层"面板中将自动生成"图层 1"，如图 4-49 所示。

图 4-47　获取选区

图 4-48　移动草莓图像

图 4-49   "图层"面板

03 按 Ctrl+T 组合键，草莓图像周围将出现一个变换框，将鼠标放到变换框的任意一角上，当鼠标变为双向箭头时适当缩小图像，再将鼠标移到变换框外侧进行适当旋转，如图 4-50 所示。然后按 Enter 键进行确定，得到如图 4-51 所示的变换效果。

图 4-50   旋转图像

图 4-51   图像效果

04 选择橡皮擦工具 ✎，擦除部分草莓图像，使草莓图像有一种被遮挡的效果，感觉更加逼真，如图 4-52 所示。

05 打开"文字.jpg"素材文件，使用魔棒工具 ✎ 单击图像中的蓝色背景，如图 4-53 所示。

图 4-52   擦除图像

图 4-53   单击背景获取选区

06 按住 Shift 键的同时单击没有被选择的蓝色背景，通过加选的方式获得图像选区，如图 4-54 所示。

07 按 Shift+Ctrl+I 组合键进行反选，得到文字选区，使用移动工具将文字拖动到当前编辑的图像中，然后适当旋转图像，并将图像放到画面的右上方，完成本实例的操作，效果如图 4-55 所示。

图 4-54   单击背景获取选区

图 4-55   移动并旋转图像

选择快速选择工具  后，在属性栏中可以调整它的画笔大小等属性，并通过拖动鼠标快速创建选区。选择快速选择工具 ，在图像中沿着需要选择的区域拖动鼠标，鼠标拖动经过的区域将会被选中，如图 4-56 所示。在不释放鼠标的情况下，继续沿着需要选择的区域拖动鼠标，直至得到目标选区，然后释放鼠标，如图 4-57 所示。

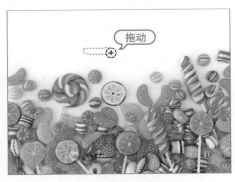
图 4-56 拖动鼠标经过要选择的区域

图 4-57 沿背景拖动后的选区

4.3.3 使用对象选择工具

对象选择工具 可以在定义的区域内查找并自动选择一个对象，轻松完成图像的快速抠取。但该工具不适用于抠取边界不清晰或带有毛发的复杂图像。选择对象选择工具 ，其工具属性栏如图 4-58 所示。

图 4-58 对象选择工具的属性栏

对象选择工具属性栏主要选项的作用如下。
- 模式：在其下拉列表中可以选择"套索"或"矩形"两种模式，绘制方法与矩形选框工具和套索工具相同。
- 对所有图层取样：选中该复选框，可以对复合图像进行颜色取样。
- 自动增强：选中该复选框，可以自动增强选区边缘。
- 减去对象：选中该复选框，可以在定义的区域内查找并自动减去对象。

练习实例：使用对象选择工具

文件路径	第 4 章 \ 使用对象选择工具
技术掌握	选择图像边缘

使用对象选择工具创建选区的具体操作如下。

01 打开"鸟.jpg"素材图像，选择对象选择工具 ，在工具属性栏中选择"模式"为"矩形"，再选中"自动增强"复选框，如图 4-59 所示。

图 4-59 素材图像

02 在小鸟图像的外侧按住鼠标左键进行拖动，框选小鸟图像，如图 4-60 所示。

图 4-60　绘制选择区域

03 松开鼠标左键，将自动在小鸟图像的边缘创建选区，如图 4-61 所示。

图 4-61　创建选区

04 单击属性栏中的"添加到选区"按钮 ，或按住 Shift 键，通过加选的方式，对小鸟的脚部未选择的区域进行框选，如图 4-62 所示。

05 选择小鸟图像后，按 Ctrl+J 组合键复制选区中的图像到新的图层，然后隐藏背景图层，如图 4-63 所示。此时，可以看到抠取出来的图像效果，如图 4-64 所示。

图 4-62　选择脚部图像

图 4-63　复制图像

图 4-64　抠取出来的图像效果

4.4　"色彩范围"命令的应用

　　使用"色彩范围"命令可以在图像中创建与预设颜色相近的图像选区，并且可以根据需要调整预设颜色，使用该命令选取的区域比魔棒工具选取的区域更广。选择"选择"|"色彩范围"命令，打开"色彩范围"对话框，如图 4-65 所示。

　　"色彩范围"对话框中主要选项的作用如下。

　　🔘 选择：用来设置预设颜色的范围，在其下拉列表框中包括取样颜色、红色、黄色、绿色、青色、蓝色、洋红、高光、中间调和阴影等选项，如图 4-66 所示。

颜色容差：该选项与魔棒工具属性栏中的"容差"选项的功能一样，用于调整颜色容差值的大小。

图 4-65 "色彩范围"对话框

图 4-66 选择"取样颜色"选项

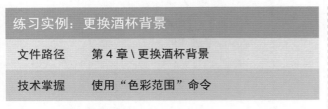

练习实例：更换酒杯背景

文件路径	第 4 章 \ 更换酒杯背景
技术掌握	使用"色彩范围"命令

01 打开"酒杯.jpg"素材文件，如图 4-67 所示。下面将使用"色彩范围"命令选择其中的酒杯图像。

图 4-67 素材图像

02 选择"选择"|"色彩范围"命令，打开"色彩范围"对话框。在图像中单击背景颜色，再设置"颜色容差"为 104，如图 4-68 所示。

03 单击该对话框右侧的"添加到取样"按钮 ，缩小"颜色容差"数值，在预览框中单击背景中左上方的深黑色区域，如图 4-69 所示。

图 4-68 "色彩范围"对话框

图 4-69 添加选择区域

04 单击"确定"按钮，得到背景图像选区，按 Shift+Ctrl+I 组合键反选选区，得到酒杯图像选区，如图 4-70 所示。

Photoshop 2020 图像处理标准教程（全彩版）

图 4-70　得到酒杯图像选区

用移动工具将酒杯图像拖动到红色背景图像中，效果如图 4-71 所示。

图 4-71　更换背景

05 使用套索工具，按住 Alt 键减去多余的冰块图像选区。然后打开"红色背景.jpg"素材文件，使

4.5　设置选区属性

对于特殊对象(如毛发、云雾等)，直接使用魔棒工具、快速选择工具等都不能获取所需的图像选区，这时就需要对选区属性进行设置，才能达到想要的效果。

● 4.5.1　选择视图模式

打开一幅素材图像，使用魔棒工具单击图像背景，创建大致的背景图像选区，如图 4-72 所示。选择"选择"|"选择并遮住"命令，或单击属性栏中的  按钮，打开相应的"属性"面板。然后单击"视图"下拉列表框，在其中可以选择一种视图模式，以便更好地观察选区的调整结果，如图 4-73 所示。

图 4-72　创建背景选区

图 4-73　选择视图模式

下面对"视图"下拉列表框中的各视图模式进行介绍。

- 洋葱皮：选择该选项，可以使图像以半透明方式显示。在"属性"面板中可以设置透明度参数，如图 4-74 所示。
- 闪烁虚线：选择该选项可以查看具有闪烁边界的标准选区，在羽化的边缘选区中，边界将会围绕被选择 50% 以上的像素。
- 叠加：选择该选项，可以在快速蒙版状态下查看选区。
- 黑底：选择该选项，选区内的图像以黑色覆盖，调整透明度参数可以设置覆盖程度，如图 4-75 所示。
- 白底：选择该选项，选区内的图像以白色覆盖。

图 4-74　"洋葱皮"模式

图 4-75　"黑底"模式

🔹 黑白：选择该选项，可以预览用于定义选区的通道蒙版，如图 4-76 所示。

🔹 图层：选择该选项，可以查看选区以外的图像，如图 4-77 所示。

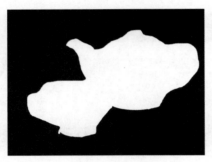

图 4-76　"黑白"模式

图 4-77　"图层"模式

4.5.2　调整选区边缘

　　打开一幅素材图像，沿着人物边缘创建一个选区，如图 4-78 所示。单击属性栏中的 选择并遮住 … 按钮，打开"属性"面板，展开"边缘检测""全局调整"两个选项组，在其中可以对选区进行平滑、羽化、扩展等处理，如图 4-79 所示。

图 4-78　创建选区

图 4-79　展开选项组

- 设置"视图模式"为"图层",调整"属性"面板中的各项参数,预览选区效果。
- 设置"半径"参数,调整选区的边缘大小,数值越大,边缘越靠近被选择的物体,如图 4-80 所示为半径是 1 像素的效果,如图 4-81 所示为半径是 55 像素的效果,可以明显地看到半径越大,图像边缘越少。

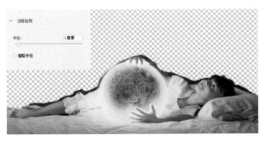

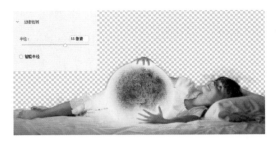

图 4-80 半径为 1 像素的效果 　　　图 4-81 半径为 55 像素的效果

- 调整"平滑"和"羽化"参数,参数值越大,选区边缘越圆滑,图像边缘也呈现透明效果,如图 4-82 所示。
- 设置"对比度"参数,可以锐化选区边缘,并去除模糊的不自然感,对于一些羽化后的选区,可以减弱或消除羽化效果,如图 4-83 所示。

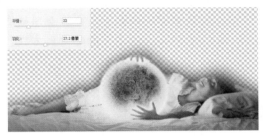

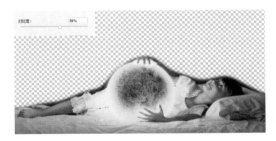

图 4-82 设置羽化和平滑值 　　　图 4-83 设置对比度参数

- 设置"移动边缘"参数可以扩展或收缩选区边界,如图 4-84 所示为扩展选区边界后的效果。

图 4-84 扩展选区边界后的效果

 进阶技巧

　　用户在调整好选区后,可以单击"属性"面板中的"确定"按钮,或按 Enter 键,退出选区编辑模式,回到图像中,得到编辑后的选区效果。

4.5.3 选区输出设置

单击 选择并遮住 ... 按钮后，在"属性"面板底部会有一个"输出设置"选项组，在其中可以设置消除选区杂色和设置选区的输出方式，如图 4-85 所示。

选中"净化颜色"复选框，即可自动去除图像边缘的彩色杂边，在"输出到"下拉列表中可以选择选区的输出方式，如图 4-86 所示。

图 4-85 "输出设置"选项组

图 4-86 选择输出方式

 知识点滴

如果选择的输出方式为"选区"，则只能得到图像选区，如图 4-87 所示；如果选择的输出方式为"新建图层"，则选区内的图像将生成新图层，如图 4-88 所示；如果选择的输出方式为"新建带有图层蒙版的图层"，则可以得到带有蒙版的图像并生成新图层，如图 4-89 所示。对于其他的输出方式，可以根据需要进行选择，在此就不再逐一介绍了。

图 4-87 输出为图像选区

图 4-88 输出为新图层

图 4-89 输出为图层蒙版并生成新图层

4.6 修改和编辑选区

在图像窗口中创建的选区有时并不能满足实际的需求，针对这种情况，用户可以根据需要对选区进行一些编辑或修改，例如，对选区进行扩展、平滑、羽化或变换等。

4.6.1 创建边界选区

在 Photoshop 中有一个用于修改选区的"边界"命令，使用该命令可以在选区边界处向内和向外增加一条边界。

练习实例：绘制边界选区

文件路径	第 4 章 \ 绘制边界选区
技术掌握	设置边界选区

01 打开"灯泡.jpg"素材文件，使用套索工具沿着灯泡图像边缘创建选区，如图 4-90 所示。

图 4-90　创建选区

02 选择"选择"|"修改"|"边界"命令，打开"边界选区"对话框，在"宽度"数值框中设置参数为 15，如图 4-91 所示。

图 4-91　设置边界宽度

03 单击"确定"按钮，原选区会分别向外和向内扩展 15 像素，得到一个边界选区，如图 4-92 所示。

图 4-92　创建边界选区

04 设置前景色为白色，按 Alt+Delete 组合键填充选区，填充后的选区边界有一种朦胧过渡效果，如图 4-93 所示。

图 4-93　设置边界选区

4.6.2　平滑图像选区

使用"平滑"选区命令可以使创建的选区变得平滑，并消除选区边缘的锯齿。

练习实例：创建平滑选区

文件路径	第 4 章 \ 平滑选区
技术掌握	创建平滑选区

01 打开"彩色图像.jpg"素材文件，选择多边形套索工具 ，在图像窗口中创建一个多边形选区，如图 4-94 所示。

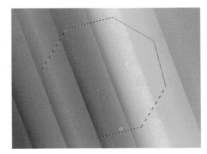

图 4-94　创建多边形选区

02 新建一个图层，设置前景色为白色，按 Alt+Delete 组合键填充选区，如图 4-95 所示。

图 4-95　填充选区

图 4-97　选区的平滑效果

03 选择"选择"|"修改"|"平滑"命令，打开"平滑选区"对话框，设置"取样半径"参数为 40，如图 4-96 所示。单击"确定"按钮即可得到平滑的选区，可以在边角处观察到选区的平滑状态，如图 4-97 所示。

04 按 Delete 键删除选区中的图像，得到白色边框效果，如图 4-98 所示。

图 4-96　设置平滑选区

图 4-98　白色边框效果

 进阶技巧

在"平滑选区"对话框中设置选区平滑度时，"取样半径"值越大，选区的轮廓越平滑，但同时会失去选区中的细节。因此，应该合理地设置"取样半径"值。

4.6.3　扩展和收缩图像选区

扩展选区就是在原始选区的基础上将选区进行扩展；而收缩选区是扩展选区的逆向操作，将选区向内缩小。

练习实例：制作浪漫花卉	
文件路径	第 4 章＼浪漫花卉
技术掌握	扩展选区、收缩选区

01 打开"紫色花朵.jpg"素材文件，新建图层 1，如图 4-99 所示。

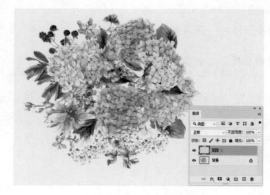

图 4-99　新建图层

02 选择椭圆选框工具 ，按住 Shift 键创建一个圆形选区，填充为白色，如图 4-100 所示。

图 4-100　创建并填充选区

03 在"图层"面板中设置该图层的不透明度为 60%，得到透明图像的效果如图 4-101 所示。

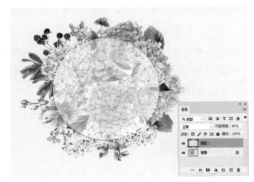

图 4-101　图像效果

04 保持选区状态，选择"选择"|"修改"|"收缩"命令，打开"收缩选区"对话框，设置"收缩量"为 40 像素，如图 4-102 所示。

图 4-102　设置收缩选区参数

05 单击"确定"按钮，得到收缩的选区，新建图层 2，填充为白色，如图 4-103 所示。

06 选择"选择"|"修改"|"扩展"命令，打开"扩展选区"对话框，设置"扩展量"为 6 像素，如图 4-104 所示。

07 单击"确定"按钮，得到扩展的选区，新建一个图层，将其放到图层 2 的下方，然后填充选区为淡绿色 (R169,G188,B98)，如图 4-105 所示。

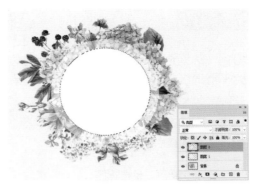

图 4-103　填充选区

图 4-104　设置扩展选区参数

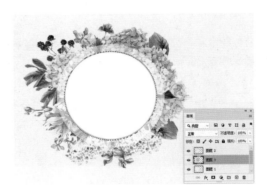

图 4-105　填充选区

08 选择横排文字工具 **T.**，在圆形图像中输入几行英文文字，并在属性栏中设置合适的不同粗细的黑体，填充为绿色 (R99,G113,B78)，效果如图 4-106 所示。

图 4-106　输入并设置文字

"羽化"选区命令可以柔和模糊选区的边缘，主要是通过扩散选区的轮廓来达到模糊边缘的目的，羽化选区能平滑选区的边缘，并产生淡出的效果。

练习实例：制作羽化图像	
文件路径	第 4 章 \ 羽化图像
技术掌握	羽化选区、反选选区

01 打开"字母.jpg"素材文件，使用多边形套索工具 在图像中沿着字母方块和爱心图像边缘创建选区，如图 4-107 所示。

图 4-107　创建选区

02 选择"选择"|"修改"|"羽化"命令，打开"羽化选区"对话框，设置"羽化半径"为 66 像素，如图 4-108 所示。

图 4-108　设置羽化参数

03 单击"确定"按钮，得到的羽化选区效果如图 4-109 所示。

图 4-109　羽化选区

04 选择"选择"|"反选"命令，得到背景图像选区，在选区中填充所需的颜色后，即可观察到羽化选区的图像效果，如图 4-110 所示。

 知识点滴

对选区进行羽化设置后，选区的虚线框会适当缩小，选区的拐角也会变得平滑。

图 4-110　图像效果

4.6.5 描边图像选区

"描边"命令可以使用一种颜色来填充选区的边界，还可以设置填充的宽度。创建好选区后，选择"编辑"|"描边"命令，打开"描边"对话框。在该对话框中可以设置描边的"宽度"值和描边的位置、颜色等，如图 4-111 所示。设置完成后，单击"确定"按钮，即可得到选区描边效果，如图 4-112 所示。

图 4-111 "描边"对话框   图 4-112 选区描边效果

"描边"对话框中主要选项的作用如下。
- 宽度：用于设置描边后生成填充线条的宽度。
- 颜色：单击该选项右方的色块，将打开"选取描边颜色"对话框，在其中可以设置描边区域的颜色。
- 位置：用于设置描边的位置，包括"内部""居中"和"居外"3 个单选按钮。
- 混合：设置描边后颜色的不透明度和着色模式，与图层混合模式的作用相同。
- 保留透明区域：若选中该复选框，在描边时将不影响原图层中的透明区域。

4.6.6 变换图像选区

使用"变换选区"命令可以对选区进行自由变形，而不会影响选区中的图像，其中包括移动选区、缩放选区、旋转与斜切选区等。

练习实例：变换选区	
文件路径	第 4 章 \ 变换选区
技术掌握	调整选区形状

01 打开"玩具汽车.jpg"素材文件，选择磁性套索工具沿着玩具汽车的边缘创建一个选区，选择"选择"|"变换选区"命令，选区四周即可出现 8 个控制点，如图 4-113 所示。

图 4-113 显示控制框

02 直接将鼠标放到控制点任意一角的外侧可以等比例地调整选区大小，如图 4-114 所示。

图 4-114 等比例地变换选区

03 按住 Alt 键能够以选区中心为基准点来进行缩放，如图 4-115 所示；按住 Ctrl 键拖动任意一个角的控制点可以斜切变换选区，如图 4-116 所示。

 知识点滴

"变换选区"命令与"自由变换"命令都可以进行缩放、斜切、旋转、扭曲、透视等操作；区别在于："变换选区"只针对选区进行操作，不能对图像进行变换，而"自由变换"命令可以同时对选区和图像进行操作。

图 4-115 以选区中心为基准点缩放选区

图 4-116 斜切变换选区

04 按住 Shift 键，将鼠标放到控制框边线的任意控制点上，按住并拖动鼠标，可以改变选区的宽窄或长短，如图 4-117 所示。

图 4-117 变形选区

05 将鼠标放到控制框的 4 个角点上，按住并拖动鼠标，可以旋转选区的角度，如图 4-118 所示。

图 4-118 旋转选区

06 将鼠标放到控制框内，然后按住并拖动鼠标，可以移动选区，如图 4-119 所示。按 Enter 键或双击鼠标，即可完成选区的变换操作，如图 4-120 所示。

图 4-119 移动选区

图 4-120 完成选区的变换

选区其实是一种虚拟的状态，一旦取消，选区将不再存在。所以，我们可以存储一些造型较复杂的图像选区，当以后需要时再进行载入使用。

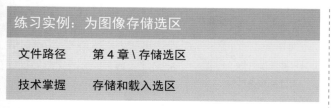

练习实例：为图像存储选区	
文件路径	第4章\存储选区
技术掌握	存储和载入选区

01 打开"按钮.jpg"素材文件，选择椭圆选框工具在图像中创建一个圆形选区，将按钮框选起来，如图 4-121 所示。

图 4-121　创建选区

02 选择"选择"|"存储选区"命令，打开"存储选区"对话框，在"名称"文本框中可以输入选区名称，如图 4-122 所示，单击"确定"按钮即可存储选区。

图 4-122　"存储选区"对话框

"存储选区"对话框中主要选项的作用如下。

🔘 文档：用于选择是在当前文档中创建新的 Alpha 通道，还是创建新的文档，并将选区存储为新的 Alpha 通道。

🔘 通道：用于设置保存选区的通道。在其下拉列表中显示了所有的 Alpha 通道和"新建"选项。

🔘 操作：用于选择通道的处理方式。

03 选择"窗口"|"通道"命令，打开"通道"面板，可以看到选区已经被存储到通道中，如图 4-123 所示。

图 4-123　"通道"面板

04 在"通道"面板中，按住 Ctrl 键的同时单击存储选区的通道缩览图，即可重新载入所存储的选区，如图 4-124 所示。

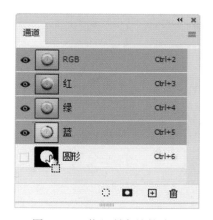

图 4-124　载入所存储的选区

05 选择"选择"|"载入选区"命令，打开"载入选区"对话框，在"通道"下拉列表中选择所存储的选区，如图 4-125 所示，单击"确定"按钮，同样可以载入选区。

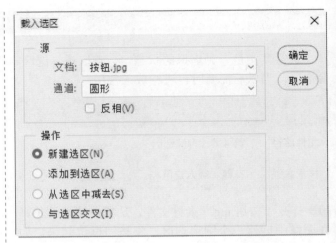

图 4-125 "载入选区"对话框

4.6.8 载入当前图层的选区

当图像文件中有多个图层，我们只需要载入某一个图层的图像，但它并没有被存储在"通道"面板中时，可以直接载入图层选区。如图 4-126 所示为包含两个图层的图像文件，按住 Ctrl 键并单击图层 1，即可载入该图层图像选区，如图 4-127 所示。

图 4-126 图像文件

图 4-127 载入图层图像选区

课堂案例：制作节日活动海报

文件路径	第 4 章 \ 节日活动海报
技术掌握	选区的创建与修改

案例效果

本节将应用本章所学的知识，制作三八节活动海报，巩固选区的创建、选区属性的设置、选区的修改和编辑等操作，本案例的效果如图 4-128 所示。

图 4-128　案例效果

操作步骤

01 选择"文件"|"新建"命令，打开"新建文档"对话框。在该对话框的右侧设置文件名称为"三八节活动海报"、宽度为 60 厘米、高度为 90 厘米，其他参数的设置如图 4-129 所示。

02 选择渐变工具 ，单击属性栏左侧的渐变色条，打开"渐变编辑器"对话框，设置渐变颜色从粉红色 (R252,G126,B156) 到淡红色 (R250,G222,B213)，其他参数的设置如图 4-130 所示。

图 4-129　新建图像文件　　图 4-130　设置渐变色

03 单击"确定"按钮，在属性栏中设置渐变方式为"径向渐变" ，然后在图像中间按住鼠标左键并拖动，得到渐变填充效果，如图 4-131 所示。

04 新建一个图层，选择椭圆选框工具，按住 Shift 键在图像中创建一个圆形选区，填充为粉红色 (R252,G175,B190)，效果如图 4-132 所示。

图 4-131　渐变填充效果　　图 4-132　创建圆形选区

05 创建多个大小不一的圆形选区，分别填充为不同深浅的粉红色，然后参照如图 4-133 所示的效果进行排列。

图 4-133　创建其他圆形选区

06 新建一个图层，选择多边形套索工具 ，在图像底部绘制一个多边形选区，如图 4-134 所示。

07 选择椭圆选框工具 ，按住 Shift 键通过加选选区的方式，在多边形选区边缘创建多个圆形选区，得到如图 4-135 所示的选区效果。

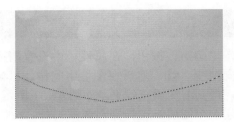

图 4-134　创建多边形选区

图 4-135　加选多个圆形选区

08 设置前景色为淡粉色 (R251,G212,B224)，然后按 Alt+Delete 组合键填充选区内容，效果如图 4-136 所示。

图 4-136　填充选区

09 使用同样的方法，创建一个较扁的多边形选区，再使用椭圆选框工具在边缘创建一个椭圆选区，填充为较淡一些的粉色 (R252,G224,B231)，如图 4-137 所示。

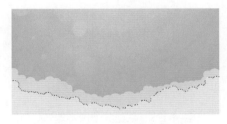

图 4-137　创建并填充选区

10 打开"礼物.psd"素材文件，使用移动工具 ⊕ 将礼物图像分别拖动到当前编辑的图像中。选择部分图像按 Ctrl+J 组合键复制对象，然后适当调整图像的位置和前后层叠顺序，排列成如图 4-138 所示的样式。

11 新建一个图层，选择矩形选框工具 ▣，按住 Shift 键创建一个正方形选区，填充为红色 (R229,G0,B17)，如图 4-139 所示。

图 4-138　添加礼物图像　　图 4-139　创建正方形选区

12 选择"选择"|"变换选区"命令，选区周边将出现一个变换框，按 Alt 键能以选区中心为基准点来缩小选区，如图 4-140 所示。

13 按 Enter 键确认变换，再按 Delete 键删除选区中的图像，得到红色边框，如图 4-141 所示。

图 4-140　缩小选区　　　图 4-141　删除选区中的图像

14 打开"花朵.psd"素材文件，使用移动工具 ⊕ 将花朵图像分别拖动到当前编辑的图像中，放到红色边框周围，如图 4-142 所示。

15 新建一个图层，选择椭圆选框工具 ◯，按住 Shift 键创建一个圆形选区，填充为白色，放到花朵图像中间，如图 4-143 所示。

图 4-142　添加花朵图像

图 4-143　创建圆形选区并填充为白色

16 设置圆形图像图层的不透明度为80%，再选择蓝色爱心礼物图像，复制一次该图像，将所复制的图像放到红色边框图像的右下方，如图 4-144 所示。

17 打开"文字.psd"素材文件，使用移动工具 ⊕，将文字放到白色圆形中，如图 4-145 所示。

18 新建一个图层，选择矩形选框工具 ▥，在文字下方创建一个矩形选区，填充为红色 (R242,G46,B73)，如图 4-146 所示。

19 选择横排文字工具，在红色矩形中输入文字，并在属性栏中设置字体为黑体，填充为白色，如图 4-147 所示。

图 4-144　降低图层不透明度并复制图像

图 4-145　添加文字

图 4-146　创建红色矩形

图 4-147　输入并设置文字

20 继续在画面中输入其他广告文字，设置红色方框左上方的字体为时尚中黑简体，其他文字为不同粗细的黑体，填充为白色，如图 4-148 所示。

21 打开"爱心.psd"素材文件，使用移动工具  将爱心放到图像下方，如图 4-149 所示。至此，已完成了本案例的制作，最终的图像效果如图 4-128 所示。

图 4-148　输入并设置其他文字

图 4-149　添加爱心图像

4.8　高手解答

问：在编辑图像时，创建选区的作用是什么？

答：在编辑图像时，创建选区可以约束各种操作只对选区内的图像有效，防止选区外的图像受到影响。

问：魔棒工具和"色彩范围"命令的作用有何不同？

答：使用魔棒工具可以选择颜色一致的图像，从而获取选区，因此该工具常用于选择颜色对比较强的图像；使用"色彩范围"命令可以在图像中创建与预设颜色相近的图像选区，并且可以根据需要调整预设颜色，该命令选取的区域比魔棒工具选取的区域更广。

问：创建好选区后，如何才能在以后的操作中继续使用该选区？

答：创建好选区后，选择"选择"|"存储选区"命令，打开"存储选区"对话框，在其中的"名称"文本框中输入选区名称，单击"确定"按钮，即可存储所创建的选区。在以后需要使用该选区时，可以选择"选择"|"载入选区"命令，打开"载入选区"对话框，在"通道"下拉列表中选择所存储的选区，即可再次使用已创建的选区。

第5章 选择与填充颜色

　　要在 Photoshop 中为图像填充颜色，首先要学会颜色的选择，这就包括前景色、背景色的设置和"颜色"面板、吸管工具等的运用；其次还应掌握图像描边和各种填充方式。本章将详细介绍如何选择与填充颜色，并通过学习各种填充方式，让读者能够灵活填充图像。

练习实例：在拾色器中设置前景色 / 背景色　　练习实例：填充颜色和图案

练习实例：颜色取样　　练习实例：制作边框图像

练习实例：存储颜色　　练习实例：为图像应用渐变色填充

练习实例：填充卡通图像　　课堂案例：制作饰品宣传海报

5.1　选择颜色

当用户在处理图像时，如果要对图像或图像区域进行填充色彩或描边，就需要对当前的颜色进行设置。

5.1.1　选择前景色与背景色

在 Photoshop 中，前景色与背景色位于工具箱下方，如图 5-1 所示。前景色用于显示当前绘制图像的颜色，背景色用于显示图像的背景颜色。

- 单击前景色与背景色工具右上方的 图标，可以进行前景色和背景色的切换。
- 单击 图标，可以将前景色和背景色设置成系统默认的黑色和白色。

为图像填充颜色或者使用绘制工具之前，都需要设置前景色和背景色。单击工具箱下方的"前景色"色块，将打开"拾色器（前景色）"对话框，在该对话框中单击色域区或者输入颜色值，即可设置前景色，如图 5-2 所示。同样，单击"背景色"色块，即可在打开的"拾色器（背景色）"对话框中设置背景色。

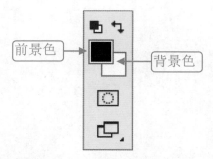

图 5-1　前景色和背景色

图 5-2　设置前景色

"拾色器（前景色）"对话框中包括 RGB、CMYK、Lab 和 HSB 4 种颜色模式。

- RGB：这是最基本也是使用最广泛的颜色模式。它源于有色光的三原色原理，其中 R 代表红色 (Red)，G 代表绿色 (Green)，B 代表蓝色 (Blue)。
- CMYK：这是一种减色模式，C 代表青色 (Cyan)，M 代表品红色 (Magenta)，Y 代表黄色 (Yellow)，K 代表黑色 (Black)。在印刷过程中，使用这 4 种颜色的印刷板来产生各种不同的颜色效果。
- Lab：这是 Photoshop 在不同色彩模式之间转换时使用的内部颜色模式。它有 3 个颜色通道，一个代表亮度，用字母 L 来代替，另外两个代表颜色范围，分别用 a、b 来表示。
- HSB：HSB 模式中的 H、S、B 分别表示色调、饱和度、亮度，这是一种从视觉的角度定义的颜色模式。Photoshop 可以使用 HSB 模式从"颜色"面板中拾取颜色，但没有提供用于创建和编辑图像的 HSB 模式。

 进阶技巧

更改前景色和背景色后，单击工具箱中的"默认前景色和背景色"图标，或者按 D 键，即可恢复为默认的前景色和背景色。

5.1.2 使用"拾色器"对话框

在 Photoshop 中，颜色可以通过具体的数值来进行设置，这样定制出来的颜色更加准确。单击"前景色"色块，打开"拾色器 (前景色)"对话框，用户可根据实际需要，在不同的数值栏中输入颜色值，以达到需要的颜色效果。

练习实例：在拾色器中设置前景色 / 背景色	
文件路径	第 5 章 \ 无
技术掌握	设置前景色和背景色

01 单击工具箱底部的"前景色"按钮，打开"拾色器 (前景色)"对话框，拖动彩色条两侧的三角形滑块来设置色相，然后在颜色区域中单击颜色来确定饱和度与明度，如图 5-3 所示。

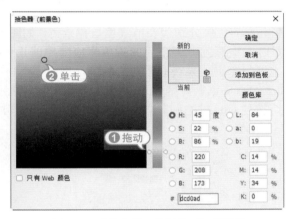

图 5-3 "拾色器 (前景色)"对话框

02 在"拾色器 (前景色)"对话框右侧的文本框中输入数值可以精确设置颜色，分别有 HSB、Lab、RGB、CMYK 4 种色彩模式，如图 5-4 所示。

H:	20	度	○ L:	73	
○ S:	25	%	○ a:	11	
○ B:	81	%	○ b:	14	
○ R:	207			C:	23	%
○ G:	172			M:	37	%
○ B:	154			Y:	37	%
#	cfac9a			K:	0	%

图 5-4 输入数值设置颜色

03 选中对话框左下角的"只有 Web 颜色"复选框，

对话框将转换为如图 5-5 所示的界面，这时选择的任何一种颜色都为 Web 安全颜色。

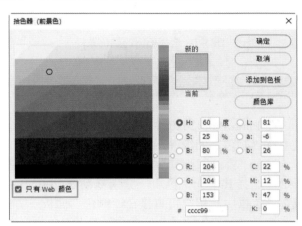

图 5-5 Web 颜色效果

04 在对话框中单击"颜色库"按钮，弹出"颜色库"对话框，在其中已经显示了与拾色器中当前选中颜色最接近的颜色，如图 5-6 所示。

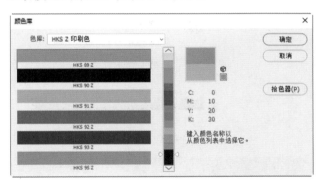

图 5-6 "颜色库"对话框

05 单击"色库"右侧的下拉按钮，在其下拉列表中可以选择需要的颜色系统，如图 5-7 所示。

06 在颜色列表中单击所需的编号，单击"确定"按钮即可得到所需的颜色，如图 5-8 所示。

在拾色器中设置背景色的方法与前景色一样，此处不再赘述。

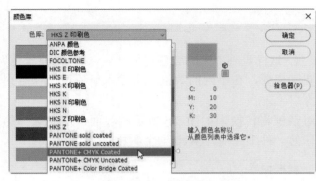

图 5-7　选择所需的颜色系统

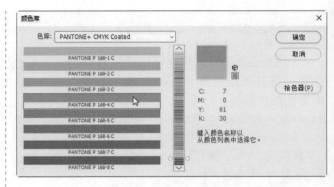

图 5-8　单击所需的颜色

5.1.3　使用"颜色"面板组

在 Photoshop 2020 中，用户可以通过多种方法来调配颜色，以提高编辑和操作的速度。"颜色"面板组中有"颜色"面板和"色板"面板，通过这两个面板用户可以轻松地设置前景色和背景色。

选择"窗口"|"颜色"命令，打开"颜色"面板，面板左上方的色块分别代表前景色与背景色，如图 5-9 所示。选择其中一个色块，分别拖动 R、G、B 中的滑块即可调整颜色，调整后的颜色将应用到前景色框或背景色框中。用户可直接在"颜色"面板下方的颜色样本框中单击，来获取需要的颜色。

选择"窗口"|"色板"命令，打开"色板"面板，该面板由众多调制好的颜色块组成，如图 5-10 所示。展开颜色组，单击所需的颜色块，即可将其设置为前景色，按住 Ctrl 键的同时单击其中的颜色块，则可将其设置为背景色。

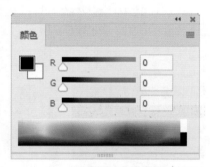

图 5-9　"颜色"面板

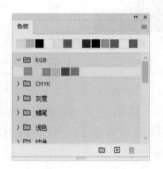

图 5-10　"色板"面板

5.1.4　使用"吸管"工具组

使用吸管工具 和颜色取样器工具 可以吸取图像或面板中的颜色，下面将分别介绍这两种工具的使用方法。

1. 吸管工具

当用户打开或新建一幅图像后，即可使用吸管工具吸取图像或面板中的颜色，吸取的颜色将在工具箱底部的前景色或背景色中显示出来。

选择吸管工具 后，其属性栏设置如图 5-11 所示。将鼠标移到图像窗口中，单击所需要的颜色，即可吸取出新的前景色，如图 5-12 所示；按住 Alt 键在图像窗口中单击，即可选取新的背景色。

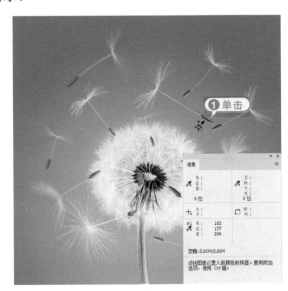

取样大小：
取样点
取样点
3 x 3 平均
5 x 5 平均
11 x 11 平均
31 x 31 平均
51 x 51 平均
101 x 101 平均
样本：
所有图层
当前图层
当前和下方图层
所有图层
所有无调整图层
当前和下一个无调整图层
显示取样环

图 5-11　吸管工具属性栏

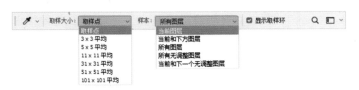

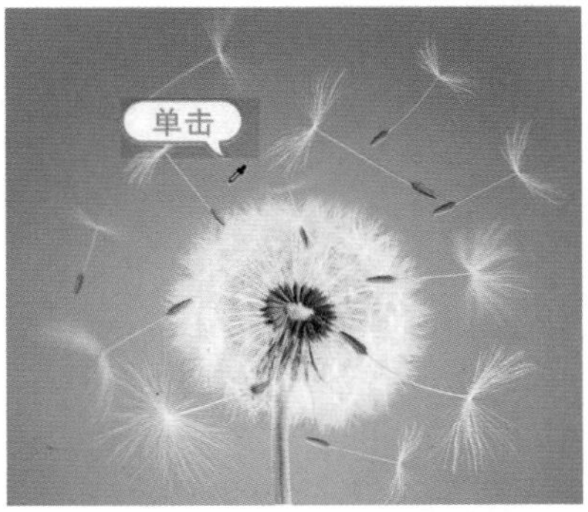
单击

图 5-12　吸取颜色

吸管工具属性栏中“取样大小”和“样本”选项的含义如下。

- 取样大小：在其下拉列表中可设置采样区域的像素大小，采样时取其平均值。“取样点”为 Photoshop 2020 中的默认设置。
- 样本：可设置采样的图像为当前图层还是所有图层。

2. 颜色取样器工具

颜色取样器工具用于颜色的选取和采样，使用该工具不能直接选取颜色，只能通过在图像中单击得到“采样点”来获取颜色信息。

练习实例：颜色取样

文件路径	第 5 章 \ 颜色取样
技术掌握	使用颜色取样器工具

01 打开“蒲公英.jpg”素材文件，选择“窗口”|“信息”命令，打开“信息”面板，然后选择颜色取样器工具，并将光标移到图像中，可以看到光标所到之处图像的颜色信息，如图 5-13 所示。

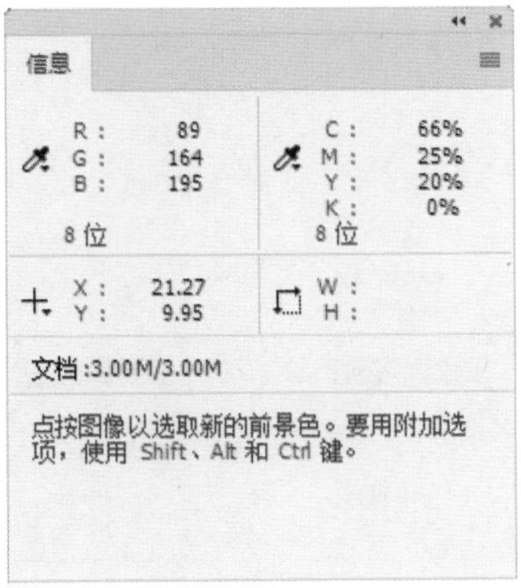
信息
R : 89
G : 164
B : 195
8 位
C : 66%
M : 25%
Y : 20%
K : 0%
8 位
X : 21.27
Y : 9.95
W :
H :
文档 :3.00M/3.00M
点按图像以选取新的前景色。要用附加选项，使用 Shift、Alt 和 Ctrl 键。

图 5-13　图像颜色信息

02 在图像中单击一次，即可获取图像颜色，这时“信息”面板中将会显示这次获取的颜色值，如图 5-14 所示。

1 单击

图 5-14　获取的颜色信息

03 使用颜色取样器工具在图像中最多可以设置 4 个采样点，在图像中再单击三次鼠标进行采样，得到的颜色信息如图 5-15 所示，图像中也会显示采样标记。

图 5-15　4 个采样点的颜色信息

进阶技巧

　　用户使用颜色取样器工具在图像中采样后，如果想要重新设置采样点，可以单击属性栏中的"清除"按钮，重新设置图像中的采样点。

5.1.5　存储颜色

　　在 Photoshop 中，用户可以对自定义的颜色进行存储，以方便以后直接调用。存储颜色包括存储单色和渐变色。在"色板"面板中可以存储单一的颜色，在渐变编辑器中可以存储渐变颜色。

练习实例：存储颜色	
文件路径	第 5 章 \ 无
技术掌握	存储单一颜色和渐变色

01 设置前景色为需要保存的颜色，打开"色板"面板，单击面板右上方的 ☰ 按钮，在弹出的菜单中可以选择创建新建色板预设和色板组。在此，选择"新建色板预设"命令，如图 5-16 所示。

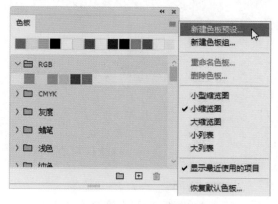

图 5-16　"色板"面板

02 打开"色板名称"对话框，在其中输入存储颜色的名称，然后单击"确定"按钮，即可将颜色直接存储到面板底部，如图 5-17 所示。

图 5-17　设置名称

03 选取工具箱中的渐变工具 ■，单击属性栏中的渐变编辑条 ■■■■，然后在打开的"渐变编辑器"对话框中设置需要保存的渐变色，如图 5-18 所示。

图 5-18　"渐变编辑器"对话框

04 单击"新建"按钮，可以将编辑好的颜色直接添加到预设样式的底部，如图 5-19 所示。

进阶技巧

单击"渐变编辑器"对话框中的"导出"按钮，打开"另存为"对话框，在"文件名"文本框中输入需要保存的渐变色的名称，然后单击"保存"按钮，即可存储渐变色。

图 5-19　存储渐变色

5.2　填充与描边

用户在绘制图像前首先需要设置好所需的颜色，当具备这一条件后，就可以将颜色填充到图像文件中。下面介绍几种常见的填充方法。

5.2.1　使用油漆桶工具

油漆桶工具  用于对图像填充前景色或图案，但是它不能应用于位图模式的图像。在工具箱中选择油漆桶工具  后，其属性栏如图 5-20 所示。

图 5-20　油漆桶工具的属性栏

油漆桶工具的属性栏中主要选项的作用如下。

- 前景 \ 图案：在该下拉列表框中可以设置填充的对象是前景色还是图案。
- 模式：用于设置填充图像颜色时的混合模式。
- 不透明度：用于设置填充内容的不透明度。
- 容差：用于设置填充内容的范围。
- 消除锯齿：用于设置是否消除填充边缘的锯齿。
- 连续的：用于设置填充的范围，选中此复选框时，油漆桶工具只填充相邻的区域；若未选中此复选框，则不相邻的区域也被填充。
- 所有图层：选中该复选框后，油漆桶工具将对图像中的所有图层起作用。

练习实例：填充卡通图像	
文件路径	第 5 章 \ 填充卡通图像
技术掌握	使用油漆桶工具

01 打开"卡通袜子.jpg"素材文件，如图 5-21 所示。

第 5 章　选择与填充颜色

83

图 5-21   素材图像

02 设置前景色为粉红色 (R255,G183,B123),在工具箱中选择油漆桶工具 ,在属性栏中设置填充区域的源为"前景","容差"为 15,并取消"连续的"复选框的选中状态,在袜子图像中间单击鼠标左键,即可将其填充为前景色,如图 5-22 所示。

图 5-22   填充前景色

03 设置前景色为橘黄色 (R255,G136,B37),在条纹图像中间单击鼠标左键,填充条纹和部分图像,效果如图 5-23 所示。

图 5-23   为条纹填充颜色

04 设置前景色为深黄色 (R255,G183,B123),在属性栏中设置"容差"为 20,然后在爱心图像中单击鼠标,填充剩余的图像,如图 5-24 所示。

图 5-24   填充剩余的图像

05 在油漆桶工具的属性栏中改变填充方式为"图案",然后单击右侧的按钮,在弹出的面板中选择"水滴"图案组中的一种图案样式,如图 5-25 所示。

图 5-25   选择图案

06 将鼠标移到背景图像中单击,即可将指定的图案填充到背景图像中,如图 5-26 所示。

图 5-26   填充图案到背景图像中

5.2.2 使用"填充"命令

使用"填充"命令可以对图像的选区或当前图层进行颜色和图案的填充,并且在填充的同时还可以设置填充颜色或图案的混合模式和不透明度。

练习实例：填充颜色和图案	
文件路径	第 5 章 \ 填充颜色和图案
技术掌握	使用"填充"命令

01 打开"文字.psd"素材文件,如图 5-27 所示。下面将为其中的图像填充颜色和图案。

图 5-27 素材图像

02 在"图层"面板中选择背景图层,如图 5-28 所示。

图 5-28 选择背景图层

03 设置前景色为红色 (R221,G8,B0),然后选择"编辑"|"填充"命令,打开"填充"对话框。在该对话框中单击"内容"右边的下拉按钮,即可弹出其下拉菜单,选择"前景色"选项,如图 5-29 所示。

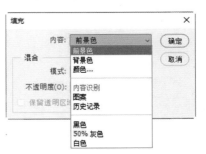

图 5-29 选择"前景色"选项

04 设置好填充选项后,单击"确定"按钮,即可得到前景色的填充效果,如图 5-30 所示。

图 5-30 前景色的填充效果

"填充"对话框中主要选项的含义如下。

- 内容:设置填充的内容。在其下拉菜单中包括"前景色""背景色"和"图案"等。如果在图像中有选区,并选择"内容识别"选项进行填充,系统将自动用选区周围的图像填充选区,得到自然过渡的填充效果。
- 模式:在其下拉菜单中可设置填充内容的混合模式。
- 不透明度:可以设置填充内容的透明程度。
- 保留透明区域:可以填充图层中的像素。

05 新建一个图层，选择"编辑"|"填充"命令，打开"填充"对话框，单击"内容"右边的下拉按钮，在下拉菜单中选择"图案"选项，如图 5-31 所示。

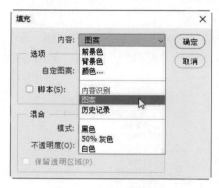

图 5-31　选择填充内容

06 单击"自定图案"右侧的按钮，在弹出的菜单中展开"旧版图案"样式组，如图 5-32 所示。

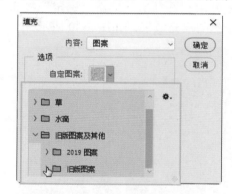

图 5-32　选择图案样式

07 再展开"艺术表面"图案组，选择其中一种纹理图案，如图 5-33 所示。

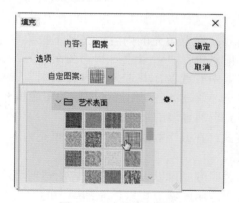

图 5-33　选择纹理图案

08 单击"确定"按钮，即可将图案样式填充到背景图像中，然后设置图层混合模式为"正片叠底"，效果如图 5-34 所示。

图 5-34　图案填充效果

09 设置前景色为淡黄色 (R255,G212,B116)，分别选择图层 1 和图层 2，按住 Ctrl 键，单击图层载入选区，然后打开"填充"对话框，设置填充内容为"前景色"，对载入的选区进行填充，效果如图 5-35 所示。

图 5-35　对选区进行填充的效果

10 选择文字所在的图层 (即"图层 2"），双击该图层，打开"图层样式"对话框，选择"投影"样式，设置投影颜色为黑色，其他参数的设置如图 5-36 所示。

11 单击"确定"按钮，即可得到文字的投影效果，如图 5-37 所示。

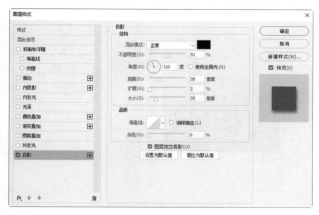

图 5-36　添加投影颜色

图 5-37　投影效果

5.2.3　图像描边

描边选区是指使用一种颜色沿选区边界进行填充。选择"编辑"|"描边"命令，打开如图 5-38 所示的"描边"对话框，设置参数后单击"确定"按钮即可描边选区。

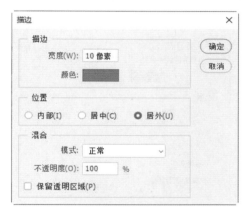

图 5-38　"描边"对话框

"描边"对话框中主要选项的含义如下。

- 宽度：在该数值框中输入数值，可以设置描边后所生成填充线条的宽度，其取值范围为 1~250 像素。
- 颜色：用于设置描边的颜色，单击其右侧的颜色色块可以打开"拾色器（描边颜色）"对话框，在其中可设置其他描边颜色。
- 位置：用于设置描边位置。"内部"表示在选区边界以内进行描边；"居中"表示以选区边界为中心进行描边；"居外"表示在选区边界以外进行描边。
- 混合：设置描边后颜色的不透明度和着色模式。
- 保留透明区域：选中该复选框后，在描边时将不影响原图层中的透明区域。

练习实例：制作边框图像	
文件路径	第 5 章 \ 制作边框图像
技术掌握	对选区进行描边

01 打开"花瓶.jpg"素材文件，使用矩形选框工具在图像中创建一个矩形选区，如图 5-39 所示。

图 5-39　创建选区

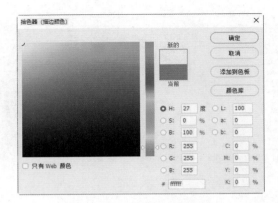

图 5-41　设置描边颜色

02 新建一个图层，选择"编辑"|"描边"命令，打开"描边"对话框，设置"宽度"为8像素，设置"位置"为"居中"，选择模式为"正常"，如图5-40所示。

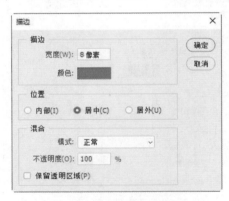

图 5-40　设置描边选项

03 单击"颜色"右侧的色块，在打开的对话框中设置描边颜色为白色，如图5-41所示。

04 单击"确定"按钮，按Ctrl+D组合键取消选区，即可得到描边图像的效果，如图5-42所示。

05 选择矩形选框工具，框选部分白色边框图像，按Delete键删除选区中的图像，如图5-43所示。

图 5-42　描边效果

图 5-43　删除部分图像

5.3　填充渐变色

　　油漆桶工具和渐变工具都是图像填充工具，但功能不同，填充效果也不同。油漆桶工具主要用于填充前景色或图案，而渐变工具主要用于填充渐变色。下面将为读者介绍渐变工具的使用方法。

使用渐变工具  可以创建多种颜色间的逐渐混合，用户可以在对话框中选择预设的渐变颜色，也可以自定义渐变颜色。选择渐变工具 后，其属性栏如图 5-44 所示。

图 5-44 渐变工具的属性栏

渐变工具属性栏中主要选项的含义如下。

- ：单击其右侧的按钮将打开渐变工具面板，其中提供了 10 种颜色渐变模式供用户选择，单击面板右侧的 按钮，在弹出的下拉菜单中可以选择其他渐变集。
- 渐变类型 ：其中的 5 个按钮代表 5 种渐变方式，分别是线性渐变、径向渐变、角度渐变、对称渐变和菱形渐变，应用效果如图 5-45 所示。

(a) 线性渐变　　(b) 径向渐变　　(c) 角度渐变　　(d) 对称渐变　　(e) 菱形渐变

图 5-45 5 种渐变的不同效果

- 模式：用于设置应用渐变时图像的混合模式。
- 不透明度：用于设置渐变时填充颜色的不透明度。
- 反向：选中此复选框后，产生的渐变颜色将与设置的渐变顺序相反。
- 仿色：选中此复选框后，在填充渐变颜色时，将增加渐变色的中间色调，使渐变效果更加平缓。
- 透明区域：用于关闭或打开渐变图案的透明度设置。

练习实例：为图像应用渐变色填充

文件路径	第 5 章 \ 渐变色填充
技术掌握	对图像进行渐变色填充

01 选择"文件"|"新建"命令，新建一个图像文件。选择工具箱中的渐变工具 ，单击属性栏左侧的渐变色条 ，打开"渐变编辑器"对话框，如图 5-46 所示。

02 在"预设"选项组中包含了多个颜色组，展开颜色预设组，选择一种预设样式，该渐变样式将会出现在下方的渐变色条上，如图 5-47 所示。

图 5-46 "渐变编辑器"对话框

图 5-47 选择渐变样式

进阶技巧

在渐变条中单击下方的色标即可将它选中，最左侧的色标表示渐变色的起点，最右侧的色标表示渐变色的终点。在渐变条下方单击，即可添加一个色标，按住色标向下拖动，即可删除该色标。

03 选择渐变效果编辑条最左侧的色标，双击该色标，即可打开"拾色器 (色标颜色)"对话框，设置颜色值为粉紫色 (R241,G120,B249)，如图 5-48 所示。

图 5-48 设置颜色

04 单击"确定"按钮回到"渐变编辑器"对话框中，选择右侧上方的不透明度色标，在下方的"不透明度"数值框中输入 100，或单击三角形按钮，调整滑块至最右侧，如图 5-49 所示。

05 选择最右侧的渐变色标，双击该色标，在打开的"拾色器 (色标颜色)"对话框中设置颜色为深紫色 (R150,G15,B129)，如图 5-50 所示。

图 5-49 调整色标透明度

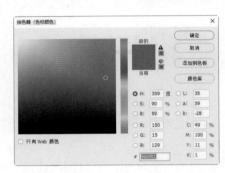

图 5-50 新增颜色

06 单击"确定"按钮回到对话框中。在渐变编辑条下方单击鼠标，添加一个色标，将该色标颜色设置为深紫色 (R129,G13,B84)，然后在"位置"文本框中输入 66，即可将新增的色标设置到渐变编辑条上所对应的位置，如图 5-51 所示。

图 5-51 设置颜色

07 单击"确定"按钮回到画面中，然后使用椭圆选框工具在图像中创建一个圆形选区，如图 5-52 所示。

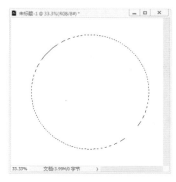

图 5-52 创建圆形选区

图 5-53 填充渐变色

08 选择渐变工具，在属性栏中单击"径向渐变"按钮 ⬛，然后按住鼠标左键从选区左上方向右下方拖动，如图 5-53 所示，得到渐变颜色填充效果，如图 5-54 所示。

图 5-54 填充效果

5.3.2 杂色渐变

在"渐变编辑器"对话框中还可以设置杂色渐变，杂色渐变包含了在指定范围内随机分布的颜色。单击"渐变类型"右侧的下拉按钮，在下拉列表中选择"杂色"选项，如图 5-55 所示。

图 5-55 选择"杂色"选项

杂色渐变中主要选项的含义如下。

- 粗糙度：用于设置渐变颜色的粗糙度，数值越高，颜色的层次变化越丰富，但颜色间的过渡越粗糙。
- 颜色模型：在其下拉列表框中可以选择所需的颜色模型，包括 RGB、HSB 和 LAB，分别拖动下方的滑块可以设置所需的渐变颜色，如图 5-56、图 5-57 和图 5-58 所示。
- 限制颜色：选中此复选框，即可将颜色限制在可打印的范围内。
- 增加透明度：选中此复选框，即可在渐变中添加透明像素。
- 随机化：单击该按钮，系统将随机生成一种新的渐变颜色。

图 5-56 RGB 模型

图 5-57 HSB 模型

图 5-58 LAB 模型

在"渐变编辑器"对话框中编辑好渐变颜色后，还可以将其存储在对话框中，以便今后直接使用。在对话框中编辑好渐变颜色后，单击"新建"按钮，即可将渐变色添加到预设组的最底部，如图5-59所示。

图 5-59　创建新的渐变预设

5.4　课堂案例：制作饰品宣传海报

课堂案例：制作饰品宣传海报	
文件路径	第 5 章 \ 饰品宣传海报
技术掌握	填充图像、图像描边

案例效果

本节将应用本章所学的知识，制作饰品宣传海报，巩固前景色与背景色的设置、图像的填充与描边等操作，本案例的效果如图5-60所示。

图 5-60　案例效果

操作步骤

01 选择"文件"|"新建"命令，打开"新建文档"对话框。在该对话框右侧设置文件名称为"饰品宣传海报"、宽度为27厘米、高度为40厘米，其他参数的设置如图5-61所示。

图 5-61　新建图像文件

02 单击工具箱下方的前景色图标，打开"拾色器（前景色）"对话框，在其中设置颜色为蓝色(R181,G218,B250)，如图5-62所示。

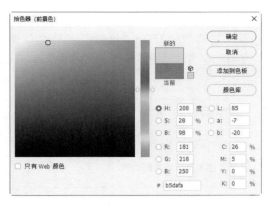

图 5-62　设置前景色

03 单击"确定"按钮，按 Alt+Delete 组合键填充前景色，效果如图 5-63 所示。

图 5-63　填充前景色

04 单击工具箱下方的背景色图标，打开"拾色器 (背景色)"对话框，设置颜色为粉红色 (R253, G220,B218)，如图 5-64 所示。

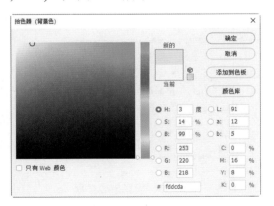

图 5-64　设置背景色

05 单击"确定"按钮回到画面中。选择多边形套索工具 ，在图像中创建一个梯形选区，然后按 Alt+Delete 组合键填充选区，如图 5-65 所示。

图 5-65　创建并填充梯形选区

06 新建一个图层，选择多边形套索工具，在图像中创建一个四边形选区，如图 5-66 所示。

图 5-66　创建四边形选区

07 选择"编辑"|"填充"命令，打开"填充"对话框，在"内容"下拉列表中选择"白色"选项，如图 5-67所示。

图 5-67　选择"白色"选项

08 单击"确定"按钮，得到白色填充效果，如图5-68所示。

图 5-68　填充白色

09 选择"图层"|"图层样式"|"投影"命令，打开"图层样式"对话框，设置投影颜色为粉红色(R234,G137,B137)，其他参数的设置如图5-69所示。

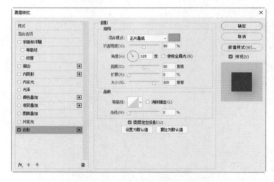

图 5-69　设置投影参数

10 单击"确定"按钮，得到投影效果，如图5-70所示。

图 5-70　投影效果

11 按住 Ctrl 键单击白色图像所在的图层，载入该图像选区，选择"选择"|"修改"|"收缩"命令，打开"收缩选区"对话框，设置"收缩量"为40像素，如图5-71所示。

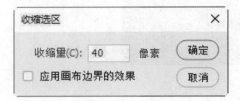

图 5-71　"收缩选区"对话框

12 单击"确定"按钮，得到收缩选区效果，如图5-72所示。

图 5-72　收缩选区效果

13 选择"编辑"|"描边"命令，打开"描边"对话框，设置描边颜色为土黄色 (R185,G139,B95)，描边宽度为2像素，其他参数的设置如图5-73所示。

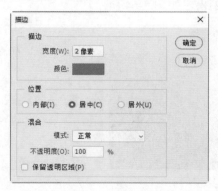

图 5-73　设置描边参数

14 单击"确定"按钮，得到描边选区效果，按 Ctrl+D 组合键取消选区，效果如图5-74所示。

图 5-74　描边效果

15 选择横排文字工具，在图像中输入文字，并在属性栏中设置字体为汉仪综艺体简，填充任意颜色，然后适当旋转文字，效果如图 5-75 所示。

图 5-75　输入并设置文字

16 在"图层"面板中双击文字图层，打开"图层样式"对话框，在对话框左侧选择"渐变叠加"样式，设置渐变颜色从淡黄色 (R255,G217,B170) 到金黄色 (R164,G126,B94) 到淡黄色 (R255,G217,B170)，如图 5-76 所示。

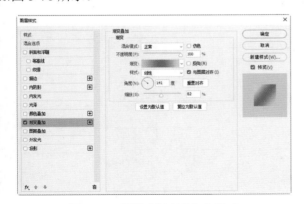

图 5-76　设置"渐变叠加"样式

17 选择"投影"选项，设置投影颜色为黑色，其他参数的设置如图 5-77 所示。

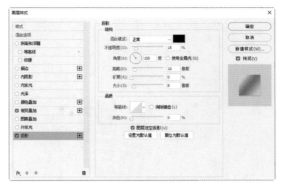

图 5-77　设置"投影"样式

18 单击"确定"按钮，得到添加图层样式后的效果，如图 5-78 所示。

图 5-78　添加图层样式后的效果

19 使用横排文字工具继续在白色图像中输入广告文字，在属性栏中设置字体为不同粗细的黑体，填充为土黄色 (R135,G102,B76)，然后适当旋转文字，并参照如图 5-79 所示的样式进行排列。

图 5-79　输入并设置其他文字

⒇ 打开"各类饰品.psd"素材文件，使用移动工具将各种素材图像拖曳过来，参照如图 5-80 所示的样式对这些素材图像进行排列。

㉑ 使用横排文字工具在图像右上方输入产品名称，在属性栏中设置字体为方正正中黑简体，并适当调整英文和中文文字的大小，填充为白色，如图 5-81 所示。

图 5-80　添加素材图像

图 5-81　添加产品名称

5.5　高手解答

问：Photoshop 中的吸管工具有什么作用？

答：使用吸管工具可以吸取图像或面板中的颜色，从而快速准确地设置所需的前景色或背景色。

问：如何对图像选区进行描边？

答：选择"编辑"|"描边"命令，打开"描边"对话框，对其中的参数进行设置后单击"确定"按钮即可描边选区。

问：在 Photoshop 中可以使用哪几种渐变填充？

答：在 Photoshop 中，可以使用线性渐变、径向渐变、角度渐变、对称渐变和菱形渐变 5 种渐变填充方式。

读书笔记

Photoshop 2020 图像处理标准教程（全彩版）

第6章 色调与色彩的调整

使用 Photoshop 中"调整"子菜单中的各种颜色调整命令,可以对图像进行偏色矫正、反相处理、明暗度调整等操作。用户可以通过对图像色彩与色调的调整,制作出色彩靓丽迷人的图像效果;也可以改变图像的表达意境,使图像更具感染力。本章将详细介绍色调与色彩的调整,让读者能够为图像调出理想的色调与色彩。

练习实例:制作负片图像效果   练习实例:通过色彩平衡改变图像色调
练习实例:调整图像的亮度和对比度   练习实例:打造金色宫殿
练习实例:调出亮丽色调   练习实例:快速改变背景颜色
练习实例:通过曲线调整图像   练习实例:制作彩霞色调
练习实例:调整图像的阴影和高光   练习实例:制作怀旧色调
练习实例:调整图像的饱和度   练习实例:制作单色图像
练习实例:调整图像的色相和饱和度   课堂案例:调出宝宝的嫩白肌肤

6.1 调色前的准备工作

在调整图像的色彩或色调之前，首先需要了解图像的信息，用户可以通过"信息"面板或"直方图"面板了解图像的信息。

● 6.1.1 "信息"面板

使用"信息"面板可以快速、准确地查看图像的各种信息，当没有任何操作时，它会显示光标所在位置的颜色值、文档信息等；如果执行了某项操作，如创建一个选区、调整颜色等，则会显示与当前操作相关的内容。

选择"窗口"|"信息"命令，打开"信息"面板，默认情况下会显示以下选项。

🖢 显示颜色信息：将光标放到图像中，面板中将会显示精确的坐标和颜色值，如图 6-1 所示。

🖢 显示选区大小：使用选框工具在图像中创建选区后，面板中会随鼠标的拖动显示选框的宽度和高度，即 W、H 值，如图 6-2 所示。

图 6-1 颜色信息

图 6-2 选区大小信息

🖢 显示定界框大小：使用裁剪工具或缩放工具时，面板中会显示相应的定界框宽度和高度，即 W、H 值，如图 6-3 所示。

🖢 显示变换参数：当图像中有变换操作时，面板中也可以显示宽度和高度的百分比变化，以及旋转角度 (A)、水平切线 (H) 或垂直切线 (V) 的角度，如图 6-4 所示。

图 6-3 定界框大小

图 6-4 变换信息

 进阶技巧

单击"信息"面板右上方的 ▤ 按钮，在弹出的菜单中选择"面板选项"命令，即可打开"信息面板选项"对话框，在其中可以设置更多的颜色信息和状态信息。

6.1.2 "直方图"面板

"直方图"用图形的方式显示图像像素在各个色调区域的分布情况。通过观察直方图，可以判断出图像阴影、中间调和高光中包含的细节情况，以便进行更好的校正。打开一幅图像，如图 6-5 所示，选择"窗口"|"直方图"命令，即可打开"直方图"面板，如图 6-6 所示。

图 6-5　打开图像

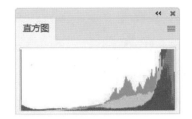

图 6-6　"直方图"面板

在"直方图"面板中可以切换直方图的显示方式。单击该面板右上方的▇按钮，在弹出的菜单中即可选择直方图的显示方式，如图 6-7 所示。

- "紧凑视图"是默认的显示方式，它显示的是不带统计数据或控件的直方图。
- "扩展视图"显示的是带有统计数据和控件的直方图，如图 6-8 所示。
- "全部通道视图"显示的是带有统计数据和控件的直方图，同时还显示该模式下的单通道直方图，如图 6-9 所示。

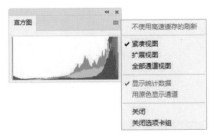

图 6-7　命令菜单

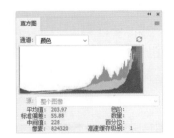

图 6-8　扩展视图

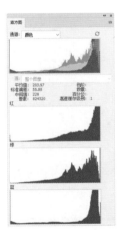

图 6-9　全部通道视图

6.1.3 直方图数据

当"直方图"面板为"扩展视图"或"全部通道视图"显示方式时，面板中将显示统计数据，在直方图中拖动鼠标指针，则可以显示所选范围内的数据信息，如图 6-10 所示。

- 通道：在此下拉列表框中可以选择显示亮度分布的通道，如图 6-11 所示。"明度"表示复合通道的亮度；"红""绿"和"蓝"则表示单个通道的亮度；如果选择"颜色"选项，则在直方图中以不同颜色显示。

- 平均值：显示图像像素的平均亮度值，通过观察该值可以判断出图像的色调类型。比如，直方图中的山峰位置偏右，则说明该图像色调整体偏亮，如图 6-12 所示。

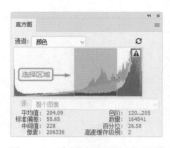

图 6-10　选择直方图部分区域　　图 6-11　选择通道　　图 6-12　观察平均值

- 标准偏差：显示图像像素亮度值的变化范围。该值越高，则图像的亮度变化越大。
- 中间值：显示亮度值范围内的中间值。图像的色调越亮，中间值越高。
- 像素：显示用于计算直方图的像素总数。
- 色阶 / 数量：在"直方图"面板中单击某一位置，则色阶显示光标所指区域的亮度级别；而数量显示光标所指亮度级别的像素总数，如图 6-13 所示。
- 百分位：显示光标所指的级别或该级别以下的像素累计数。该值表示图像中所有像素的百分数，从最左侧的 0% 到最右侧的 100 %。如果只对部分色阶取样，显示的则是取样部分占总量的百分比，如图 6-14 所示。

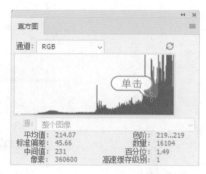

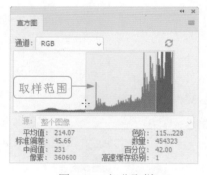

图 6-13　显示色阶 / 数量　　　　　　图 6-14　部分取样

6.2　自动调色命令

当图像中有一些细微的色差时，可以使用 Photoshop 中的自动调色命令，主要包括"自动色调""自动对比度"和"自动颜色"命令。

6.2.1　"自动色调"命令

"自动色调"命令将每个颜色通道中的最亮和最暗像素定义为白色和黑色，然后按比例重新分布中间像素值。默认情况下，该命令会剪切白色和黑色像素的 0.5％，来忽略一些极端的像素。

打开一幅需要调整的图像，如图 6-15 所示，这张风景图像层次不清，且颜色偏暗。选择"图像"|"自动色调"命令，系统将自动调整图像的明暗度，去除图像中不正常的高亮区和黑暗区，效果如图 6-16 所示。

图 6-15 原图

图 6-16 自动色调效果

6.2.2 "自动对比度"命令

"自动对比度"命令不仅能自动调整图像色彩的对比度，还能调整图像的明暗度。该命令是通过剪切图像中的阴影和高光值，并将图像剩余部分的最亮和最暗像素映射到色阶为 255(纯白) 和色阶为 0(纯黑) 的程度，让图像中的高光看上去更亮，阴影看上去更暗。如果对图 6-15 所示的图像使用"自动对比度"命令，即可得到如图 6-17 所示的效果。

6.2.3 "自动颜色"命令

"自动颜色"命令是通过搜索图像来调整图像的对比度和颜色。与"自动色调"和"自动对比度"一样，使用"自动颜色"命令后，系统会自动调整图像颜色。对图 6-15 所示的图像使用"自动颜色"命令后，可得到如图 6-18 所示的效果。

图 6-17 自动对比度效果

图 6-18 自动颜色效果

6.3 快速调整图像色彩

在 Photoshop 中，使用一些命令可以快速调整图像的整体色彩，这些命令主要包括"照片滤镜""反相"等。

使用"照片滤镜"命令可以把带颜色的滤镜放在照相机镜头前方来调整图像颜色，还可通过选择色彩预置，调整图像的色相。

　　打开需要调整颜色的图像文件，如图 6-19 所示。选择"图像"|"调整"|"照片滤镜"命令，打开"照片滤镜"对话框，如图 6-20 所示。

图 6-19　素材图像　　　　　　　　　　　　　图 6-20　"照片滤镜"对话框

　　"照片滤镜"对话框中主要选项的作用如下。

- 滤镜：选中该单选按钮后，在其右侧的下拉列表框中可以选择预设好的滤镜效果，将其应用到图像中，如选择"深红"色，调整"密度"参数，图像效果如图 6-21 所示。
- 颜色：选中该单选按钮后，单击右侧的颜色框，在打开的"拾色器"对话框中可以设置过滤颜色，如设置颜色为黄色，图像效果如图 6-22 所示。
- 密度：拖动滑块可以控制着色的强度，数值越大，滤色效果越明显。
- 保留明度：选中该复选框，可以保留图像的明度不变。

图 6-21　选择预设滤镜　　　　　　　　　　　图 6-22　自定义颜色

　　使用"去色"命令可以去掉图像的颜色，只显示具有明暗度的灰度颜色，选择"图像"|"调整"|"去色"命令，即可将图像中所有颜色的饱和度都变为 0，从而将图像变为彩色模式下的灰色图像。

进阶技巧

使用"去色"命令后可以将原有图像的色彩信息去掉，但是，这个去色操作并不是将颜色模式转为灰度模式。

● **6.3.3 反相**

使用"反相"命令可以把图像的色彩反相，常用于制作胶片的效果。选择"图像"|"调整"|"反相"命令后，能把图像的色彩反相，从而转换为负片，或将负片还原为图像。当再次使用该命令时，图像会被还原。

练习实例：制作负片图像效果	
文件路径	第 6 章 \ 制作负片图像
技术掌握	使用"反相"和"去色"命令

01 打开"站台.jpg"素材图像，如图 6-23 所示。

图 6-24　彩色负片效果

03 选择"图像"|"调整"|"去色"命令，得到黑白负片效果，如图 6-25 所示。

图 6-23　素材图像

02 选择"图像"|"调整"|"反相"命令或按 Ctrl+I 组合键，得到彩色负片效果，如图 6-24所示。

图 6-25　黑白负片效果

● **6.3.4 色调均化**

"色调均化"是将图像中像素的亮度值重新分布，以便更均匀地呈现所有范围的亮度级。选择"色调均化"命令后，图像中的最亮值呈现为白色，最暗值呈现为黑色，中间值则均匀地分布在整个图像的灰度色调中。例如，选择"图像"|"调整"|"色调均化"命令，可以将如图 6-26 所示的图像转换为如图 6-27所示的效果。

图 6-26　原图像

图 6-27　色调均化后的效果

 知识点滴：

　　在使用"色调均化"命令时，如果图像中有选区存在，则会弹出"色调均化"对话框，在其中可以选择仅作用于选区内图像，或者作用于整个图像。

6.4　调整图像明暗关系

　　在图像处理过程中经常需要进行明暗度的调整，通过对图像明暗度的调整可以提高图像的清晰度，使图像看上去更加生动。

6.4.1　亮度 / 对比度

　　使用"亮度 / 对比度"命令可以整体调整图像的亮度 / 对比度，从而实现对图像色调的调整。该命令是常用的色调调整命令，能够快速地校正图像中的灰度问题。

练习实例：调整图像的亮度和对比度	
文件路径	第 6 章 \ 调整亮度和对比度
技术掌握	"亮度 / 对比度"命令

01 打开"男孩.jpg"素材图像，如图 6-28 所示。

图 6-28　素材图像

02 选择"图像"|"调整"|"亮度 / 对比度"命令，打开"亮度 / 对比度"对话框，设置"亮度"为 40、"对比度"为 36，如图 6-29 所示。

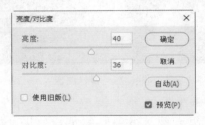

图 6-29　设置亮度 / 对比度

03 单击"确定"按钮，调整亮度和对比度后的效果如图 6-30 所示。

图 6-30　调整后的效果

使用"色阶"命令不仅可以调整图像中颜色的明暗对比度，还能对图像中的阴影、中间调和高光强度进行精细的调整。也就是说，"色阶"命令不仅可以调整色调，还可以调整色彩。

选择"图像"|"调整"|"色阶"命令，打开"色阶"对话框，在该对话框中的"输入色阶"或"输出色阶"文本框中直接输入色阶值，就可以精确地设置图像的色阶参数，如图6-31所示。

"色阶"对话框中主要选项的作用如下。

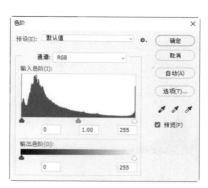

图6-31   "色阶"对话框

- "通道"下拉列表框：用于设置要调整的颜色通道。它包括图像的色彩模式和原色通道，用于选择需要调整的颜色通道。
- "输入色阶"文本框：从左至右分别用于设置图像的暗部色调、中间色调和亮部色调，可以在文本框中直接输入相应的数值，也可以拖动色调直方图底部滑条上的3个滑块来进行调整。
- "输出色阶"文本框：用于调整图像的亮度和对比度，范围为0~255；右边的编辑框用来降低亮部的亮度，范围为0~255。
- "自动"按钮：单击该按钮可自动调整图像中的整体色调。

练习实例：调出亮丽色调

文件路径	第6章 \ 调出亮丽色调
技术掌握	"色阶"命令

01 打开"酒杯.jpg"素材图像，可以看到该图像整体偏暗，并且缺少层次感，如图6-32所示。

图6-32   素材图像

02 选择"图像"|"调整"|"色阶"命令，打开"色阶"对话框，选择"输入色阶"中间的三角形滑块，向左拖动增强中间调的亮度，如图6-33所示。

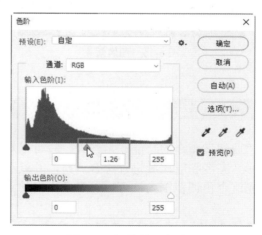

图6-33   调整输入色阶 1

 进阶技巧

按Ctrl+L组合键，可以快速打开"色阶"对话框。

03 选择"输入色阶"右侧的三角形滑块，向左拖动即可增加图像的亮度和对比度，如图 6-34 所示，调整色阶后的图像效果如图 6-35 所示。

04 选择"输入色阶"左侧的三角形滑块，向右拖动即可调整图像的暗部色调，如图 6-36 所示。单击"确定"按钮，完成图像的调整，效果如图 6-37 所示。

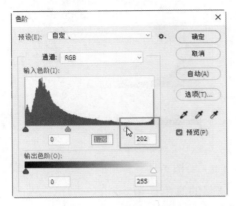

图 6-34 调整输入色阶 2

图 6-35 图像效果

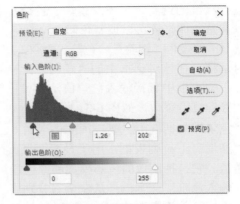

图 6-36 调整输入色阶 3

图 6-37 图像效果

6.4.3 曲线

"曲线"命令的功能非常强大，它可以对图像的色彩、亮度和对比度进行综合调整，并且在暗调到高光这个色调范围内，可以对多个不同的点进行调整。

选择"图像"|"调整"|"曲线"命令，打开"曲线"对话框，如图 6-38 所示，该对话框中包含了一个色调曲线图，其中曲线的水平轴代表图像原来的亮度值，即输入值；垂直轴代表调整后的亮度值，即输出值。

"曲线"对话框中主要选项的作用如下。

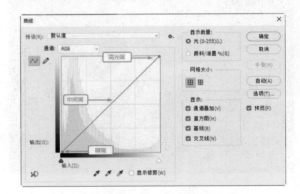

图 6-38 "曲线"对话框

🍃 通道：用于显示当前图像文件的色彩模式，可从中选取单色通道对单一的色彩进行调整。

🍃 输入：用于显示原来图像的亮度值，与色调曲线的水平轴相同。

🍃 输出：用于显示图像处理后的亮度值，与色调曲线的垂直轴相同。

● 编辑点以修改曲线 ⌇：是系统默认的曲线工具，用来在图表中的各处创建节点以产生色调曲线。
● 通过绘制来修改曲线 ✎：用铅笔工具在图表上画出需要的色调曲线，选中它，当鼠标变成画笔后，可用画笔徒手绘制色调曲线。

练习实例：通过曲线调整图像

文件路径	第 6 章 \ 通过曲线调整图像
技术掌握	"曲线"命令

01 打开"卡通.jpg"素材图像，可以看到该图像的画面整体色调偏暗，没有一般卡通图像的明亮感，如图 6-39 所示。

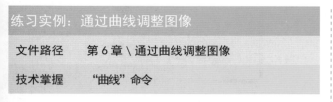

图 6-39　素材图像

02 选择"图像"|"调整"|"曲线"命令，打开"曲线"对话框。在曲线"中间调"的位置单击鼠标，创建一个节点，再按住鼠标将其向上拖动，增加图像整体亮度，如图 6-40 所示。

图 6-40　增加图像整体亮度

03 在曲线的"暗调"处单击鼠标，创建一个节点，然后将其向上拖动，增加画面中暗部图像的亮度，如图 6-41 所示，这时的图像效果如图 6-42 所示。

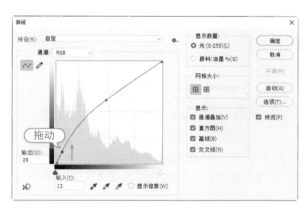

图 6-41　调整暗部图像的亮度

图 6-42　图像效果

04 单击"通道"右侧的下拉按钮，在下拉列表中选择"红"通道，如图 6-43 所示。

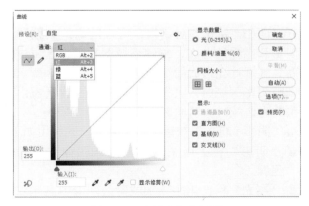

图 6-43　选择"红"通道

05 选择曲线顶端控制点，按住鼠标左键将其向左侧拖动，增强红色通道中图像的亮度，效果如图 6-44 所示。

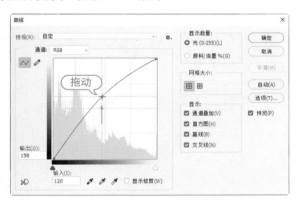

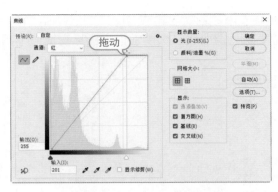

图 6-44　增加"红"通道亮度

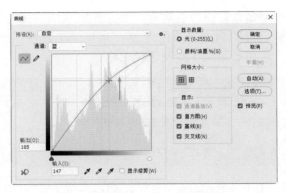

图 6-46　增加"蓝"通道亮度

06 分别选择"绿"和"蓝"通道，在曲线上增加节点，并将其向上拖动，增加该通道图像的亮度，如图 6-45 和图 6-46 所示。

07 单击"确定"按钮，完成图像的调整，如图 6-47 所示，得到色彩亮丽的卡通图像效果。

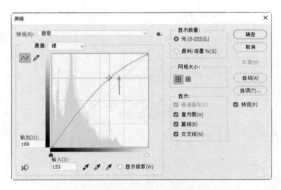

图 6-45　增加"绿"通道亮度

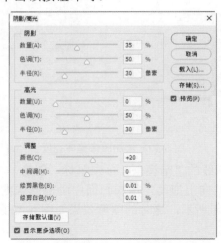

图 6-47　图像效果

6.4.4　阴影/高光

选择"图像"|"调整"|"阴影/高光"命令，打开"阴影/高光"对话框，可以准确地调整图像中阴影和高光的分布，能够还原图像阴影区域过暗或高光区域过亮造成的细节损失，如图 6-48 所示。当调整阴影区域时，几乎不影响高光图像区域；当调整高光区域时，对阴影图像区域影响较小。

"阴影/高光"对话框中主要选项的作用如下。

- "阴影"栏：用来增加或降低图像中的暗部色调。
- "高光"栏：用来增加或降低图像中高光部分的色调。
- "调整"栏：用于调整图像中的颜色偏差。
- "存储默认值"按钮：单击该按钮，可将当前设置存储为"阴影/高光"命令的默认设置。若要恢复默认值，可以按住 Shift 键，"存储

默认值"按钮将变成"恢复默认值"按钮，然后单击该按钮即可。

图 6-48　"阴影/高光"对话框

练习实例：调整图像的阴影和高光

文件路径	第 6 章 \ 调整阴影和高光
技术掌握	"阴影 / 高光"命令

01 打开"拥抱生活.jpg"素材图像，如图 6-49 所示，下面将调整图像中的阴影和高光部分。

图 6-50　调整图像的阴影和高光参数

图 6-49　素材图像

02 选择"图像"|"调整"|"阴影 / 高光"命令，打开"阴影 / 高光"对话框，选中"显示更多选项"复选框，然后分别调整图像的阴影、高光等参数，如图 6-50 所示。

03 单击"确定"按钮，得到调整后的图像效果，如图 6-51 所示。

图 6-51　调整后的图像

6.4.5　曝光度

选择"图像"|"调整"|"曝光度"命令，打开"曝光度"对话框，可以通过设置曝光度、位移、灰度系数校正 3 个参数来调整照片的对比反差，如图 6-52 所示。"曝光度"命令经常用于处理数码照片中常见的曝光不足或曝光过度等问题。

"曝光度"对话框中主要选项的作用如下。

图 6-52　"曝光度"对话框

- 预设：该下拉列表框中包含 Photoshop 默认的几种设置，可以对图像进行简单的调整。
- 曝光度：用于调整色调范围的高光端，对极限阴影的影响很轻微。向左拖动滑块，可以降低图像曝光效果，如图 6-53 所示；向右拖动滑块，可以增加图像曝光效果，如图 6-54 所示。
- 位移：使阴影和中间调变暗，对高光的影响很轻微。
- 灰度系数校正：使用简单的乘方函数调整图像灰度系数。为负值时会被视为相应的正值，也就是说，虽然这些值为负,但仍然会像正值一样被调整。

图 6-53　降低曝光度

图 6-54　增加曝光度

6.5　调整图像颜色

对于图形设计人员而言,调整图像的颜色非常重要。在 Photoshop 中,不仅可以运用"调整"菜单对图像的色调进行调整,还可以对图像的色彩进行有效的校正。

6.5.1　自然饱和度

使用"自然饱和度"命令可以在增加图像饱和度的同时有效防止颜色饱和过度,当图像颜色接近最大饱和度时可以最大限度地减少颜色的流失。

练习实例:调整图像的饱和度	
文件路径	第 6 章 \ 调整图像的饱和度
技术掌握	"自然饱和度"命令

01 打开"花朵.jpg"素材图像,如图 6-55 所示。

图 6-55　需调整的图像

02 选择"图像"|"调整"|"自然饱和度"命令,打开"自然饱和度"对话框,分别将"自然饱和度"

和"饱和度"下面的三角形滑块向右拖动,增加图像的饱和度,如图 6-56 所示。

图 6-56　调整图像的饱和度

03 单击"确定"按钮,得到如图 6-57 所示的效果。

图 6-57　调整后的效果

选择"图像"|"调整"|"色相 / 饱和度"命令，打开"色相 / 饱和度"对话框，如图 6-58 所示，在其中可以调整图像中单个颜色成分的色相、饱和度和明度，从而实现图像色彩的改变。还可以通过给像素指定新的色相与饱和度，给灰度图像添加颜色。

"色相 / 饱和度"对话框中主要选项的作用如下。

● 全图：用于选择作用范围。若选择"全图"选项，则将对图像中所有颜色的像素起作用，其余选项表示对某一颜色成分的像素起作用。

● 色相 / 饱和度 / 明度：调整所选颜色的色相、饱和度和明度。

● 着色：选中该复选框，可以将图像调整为灰色或单色的效果。

图 6-58 "色相 / 饱和度"对话框

练习实例：调整图像的色相和饱和度

文件路径	第 6 章 \ 调整色相和饱和度
技术掌握	"色相 / 饱和度"命令

01 打开"室内装饰.jpg"素材图像，如图 6-59 所示，下面将调整该图像中的墙面颜色。

02 选择"图像"|"调整"|"色相 / 饱和度"命令，打开"色相 / 饱和度"对话框，在"全图"下拉列表中选择"红色"，调整"色相"为 -105、"饱和度"为 -10，如图 6-60 所示。图像中的墙面从洋红色变为了紫色，如图 6-61 所示。

图 6-59 素材图像

图 6-60 调整红色调

图 6-61 墙面颜色发生了变化

03 选择"绿色"进行调整，设置"色相"为 -82、"饱和度"为 15，如图 6-62 所示，将图像左侧的墙面图像调整为偏黄的颜色。

图 6-62　调整绿色调

04 单击"确定"按钮完成颜色的调整，图像效果如图 6-63 所示。

图 6-63　调整后的效果

 进阶技巧

在"色相 / 饱和度"对话框中选中"着色"复选框，可以对图像进行单色调整，但对话框中的"全图"下拉列表框将不可用。

6.5.3　色彩平衡

"色彩平衡"命令主要是通过颜色中的补色原理，在补色之间进行相应的增加或减少，从而调整整体图像的色彩平衡。运用该命令调整图像中出现的偏色情况具有很好的效果。选择"图像"|"调整"|"色彩平衡"命令，打开"色彩平衡"对话框，如图 6-64 所示。

"色彩平衡"对话框中主要选项的作用如下。

- 色彩平衡：用于在"阴影""中间调"或"高光"中添加过渡色来平衡色彩效果，也可直接在色阶框中输入相应的值来调整颜色均衡。
- 色调平衡：用于选择用户需要着重进行调整的色彩范围。
- 保持明度：选中该复选框，在调整图像色彩时可以使图像亮度保持不变。

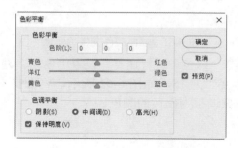

图 6-64　"色彩平衡"对话框

练习实例：通过色彩平衡改变图像色调

文件路径	第 6 章 \ 调整色彩平衡
技术掌握	"色彩平衡"命令

01 打开"街景.jpg"素材图像，该图像整体为蓝色调，画面感觉很冷，如图 6-65 所示。下面将该图像调整为暖色调效果。

图 6-65　素材图像

02 选择"图像"|"调整"|"色彩平衡"命令，打开"色彩平衡"对话框。选择"中间调"选项，

分别拖动三角形滑块，为图像添加红色、洋红色和黄色，同时降低青色、绿色和蓝色，如图6-66所示。

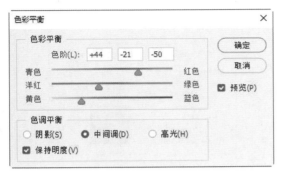

图 6-66　调整中间色调

03 这时可以通过预览观察到图像整体色调有了明显的变化，显得更加暖色调一些，如图6-67所示。

图 6-67　调整后的效果

04 在"色彩平衡"对话框中选择"阴影"选项，拖动三角形滑块，分别添加阴影图像中的红色和黄色，如图6-68所示。

05 选择"高光"选项，为高光图像添加一些洋红色和黄色，使画面看起来整体更协调，如图6-69所示。

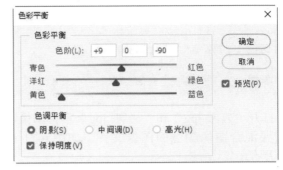

图 6-68　调整阴影图像

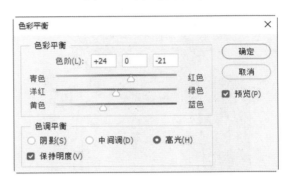

图 6-69　调整高光图像

06 单击"确定"按钮，完成图像的处理，得到调整后的图像，如图6-70所示。

图 6-70　图像效果

6.5.4　匹配颜色

使用"匹配颜色"命令可以使目标图像的颜色与源图像中的颜色进行混合，达到改变当前图像色彩的目的。它还允许用户通过更改图像的亮度、色彩范围以及中和色痕来调整图像中的颜色。源图像和目标图像可以是两个独立的图像，也可以用同一个图像中不同图层之间的颜色进行匹配。

图 6-73　"匹配颜色"对话框

左栏内容：

练习实例：打造金色宫殿	
文件路径	第6章 \ 打造金色宫殿
技术掌握	"匹配颜色"命令

01 打开"宫殿.jpg"和"光斑.jpg"素材图像，作为需要混合图像颜色的图像文件，如图 6-71 和图 6-72 所示。

图 6-71　宫殿图像

图 6-72　光斑图像

02 选择"宫殿"图像作为当前文件，选择"图像"|"调整"|"匹配颜色"命令，打开"匹配颜色"对话框。在"目标图像"栏中会显示当前所选图像为"宫殿"图像，在"源"下拉列表中选择"光斑"素材图像，再调整图像的明亮度、颜色强度和渐隐参数，如图 6-73 所示。

右栏内容：

知识点滴：

在使用"匹配颜色"命令时，图像文件的色彩模式必须是 RGB 模式，否则该命令将不能使用。

03 完成各参数的设置后，单击"确定"按钮，对图像进行匹配颜色后得到金碧辉煌的宫殿图像效果，如图 6-74 所示。

图 6-74　图像效果

"匹配颜色"对话框中主要选项的作用如下。

- 目标图像：用来显示当前图像文件的名称。
- 图像选项：用于调整匹配颜色时的明亮度、颜色强度和渐隐效果。
- 图像统计：用于选择匹配颜色时图像的来源或所在的图层。

6.5.5 替换颜色

使用"替换颜色"命令可以调整图像中选取的特定颜色区域的色相、饱和度和亮度值,将指定的颜色替换掉。

练习实例: 快速改变背景颜色	
文件路径	第6章\快速改变背景颜色
技术掌握	"替换颜色"命令

01 打开"情人节.jpg"素材图像,如图 6-75 所示。

图 6-75 素材图像

02 选择"图像"|"调整"|"替换颜色"命令,打开"替换颜色"对话框,使用吸管工具在图像中单击粉色背景图像,得到需要替换的颜色,然后设置"颜色容差"为55,再调整对话框下方的色相、饱和度和明度参数,如图 6-76 所示。

图 6-76 "替换颜色"对话框

03 单击"添加到取样"按钮 ,在对话框的预览图中单击部分未被选择的背景图像区域,并调整"颜色容差"参数为 75,如图 6-77 所示。

图 6-77 在对话框中取样

04 这时图像中的大部分粉色已经替换为紫色,单击"确定"按钮,得到替换颜色后的效果,如图 6-78 所示。

图 6-78 替换颜色后的效果

6.5.6 可选颜色

使用"可选颜色"命令可以对图像中的某种颜色进行调整,修改图像中某种原色的颜色值而不影响其他的原色。

练习实例：制作彩霞色调

文件路径	第6章\制作彩霞色调
技术掌握	"可选颜色"命令

01 打开"彩霞.jpg"素材图像，如图 6-79 所示。该图像的色调整体偏冷，没有暖暖的彩霞感觉，需要做一定的调整。

图 6-79　素材图像

02 选择"图像"|"调整"|"照片滤镜"命令，打开"照片滤镜"对话框，选择"滤镜"为"加温滤镜(85)"，调整"密度"为 40%，如图 6-80 所示。

图 6-80　"照片滤镜"对话框

03 单击"确定"按钮，得到暖色调图像效果，如图 6-81 所示。

图 6-81　暖色调图像效果

04 选择"图像"|"调整"|"可选颜色"命令，打开"可选颜色"对话框。在"颜色"下拉列表框中选择"红色"作为需要调整的颜色，为图像添加洋红和黄色，增加天空中的色彩感，如图 6-82 所示。

图 6-82　调整红色

05 在"颜色"下拉列表框中选择"黄色"进行调整，同样为图像添加洋红和黄色，如图 6-83 所示。

图 6-83　调整黄色

06 在"颜色"下拉列表框中选择"蓝色"，为图像降低青色和黑色，再适当增加洋红色调，如图 6-84 所示。

图 6-84　调整蓝色

07 单击"确定"按钮，得到调整后的图像效果，如图 6-85 所示。

图 6-85　调整后的图像效果

08 选择"图像"|"调整"|"色相／饱和度"命令，打开"色相／饱和度"对话框。适当调整"色相"下方的三角形滑块，使全图色调偏红，如图 6-86 所示。

图 6-86　设置色相／饱和度

09 单击"确定"按钮，得到调整后的图像效果，如图 6-87 所示。

10 选择"图像"|"调整"|"自然饱和度"命令，打开"自然饱和度"对话框，设置"自然饱和度"

和"饱和度"参数，如图 6-88 所示。

图 6-87　图像效果

图 6-88　"自然饱和度"对话框

11 单击"确定"按钮，完成图像的调整，调整后的图像效果如图 6-89 所示。

图 6-89　完成后的效果

6.5.7　通道混合器

使用"通道混合器"命令，可以让两个通道使用加减的模式进行混合，它是控制通道中颜色含量的高级工具。打开一张 RGB 模式的图像，如图 6-90 所示，选择"图像"|"调整"|"通道混合器"命令，打开"通道混合器"对话框，在"输出通道"选项中可以选择需要调整的通道，如图 6-91 所示。

"通道混合器"对话框中主要选项的作用如下。

- 输出通道：用于选择进行调整的通道。
- 源通道：通过拖动滑块或输入数值来调整源通道在输出通道中所占的百分比值。
- 常数：通过拖动滑块或输入数值来调整通道的不透明度。
- 单色：将图像转换成只含灰度值的灰度图像。

图 6-90　RGB 模式的图像

图 6-91　"通道混合器"对话框

　　拖动通道下方的三角形滑块，可以调整通道参数。若选择输出通道为"红"色，拖动"蓝色"下方的三角形滑块，蓝色通道将会与所选的输出通道 (红通道) 混合，如图 6-92 所示。这种混合方式可以很好地控制混合强度，当滑块越靠近两端时，混合强度就越高，效果如图 6-93 所示。

图 6-92　选择通道进行混合

图 6-93　图像调整效果

　　如果只调整下面的"常数"滑块，可以直接调整所选"输出通道"的颜色值，该通道不会与任何通道混合，只会让高光或阴影变灰，如图 6-94 和图 6-95 所示。

图 6-94　调整"常数"

图 6-95　图像调整效果

使用"渐变映射"命令可以改变图像的色彩。该命令首先将图像转换为灰度，再使用渐变颜色对图像的颜色进行调整。

练习实例：	制作怀日色调
文件路径	第6章 \ 制作怀日色调
技术掌握	"渐变映射"命令

01 打开"小女孩.jpg"素材图像，如图6-96所示。

图6-96 素材图像

02 按Ctrl+J组合键复制一次背景图层，然后选择"图像"|"调整"|"渐变映射"命令，打开"渐变映射"对话框，如图6-97所示。

图6-97 "渐变映射"对话框

"渐变映射"对话框中主要选项的作用如下。

● 灰度映射所用的渐变：单击渐变颜色框，可以打开"渐变编辑器"对话框来编辑所需的渐变颜色。

● 仿色：选中该复选框，可以随机添加杂色来平滑渐变填充的外观，使渐变效果更加平滑。

● 反向：选中该复选框，图像将实现反转渐变。

03 单击该对话框中的渐变颜色框，打开"渐变编辑器"对话框，设置颜色为从土黄色(R134,G66,B1)到淡黄色(R255,G255,B230)渐变，如图6-98所示。

图6-98 设置渐变颜色

04 依次单击"确定"按钮回到图像中，设置图层1的混合模式为"正片叠底"，得到的图像效果如图6-99所示。

图6-99 图像效果

05 选择"背景"图层，按Ctrl+J组合键再次复制图层，打开"渐变映射"对话框，设置渐变颜色从棕色(R111,G37,B1)到淡黄色(R255,G255,B230)渐变，如图6-100所示。

图6-100 设置渐变映射

06 单击"确定"按钮，回到画面中，在"图层"面板中设置该图层的混合模式为"强光"，如图6-101所示，得到的图像效果如图6-102所示。至此，已完成图像的调整。

图 6-101　设置混合模式

图 6-102　图像效果

6.5.9　色调分离

使用"色调分离"命令，可以指定图像中每个通道的色调级（或亮度值）的数目，然后将像素映射为最接近的匹配级别。

打开"动感音乐.jpg"素材图像，如图 6-103 所示，选择"图像"|"调整"|"色调分离"命令，打开"色调分离"对话框。其中的"色阶"选项用于设置图像色调变化的程度，数值越小，分离的色调越多；数值越大，保留的图像细节就越多，如图 6-104 所示。

图 6-103　原图像

图 6-104　色调分离效果

6.5.10　黑白

使用"黑白"命令可以轻松地将彩色图像转换为丰富的黑白图像，然后精细地调整图像的每一种色调和浓淡。使用该命令还可以将黑白图像转换为带有颜色的单色图像。

 进阶技巧

"去色"命令只能简单地去掉所有颜色，将图像转为灰色调，并丢失很多细节；而"黑白"命令则可以通过参数的设置，调整每种颜色在黑白图像中的亮度，使用"黑白"命令可以制作出高质量的黑白照片。

练习实例：制作单色图像

文件路径	第 6 章 \ 制作单色图像
技术掌握	"黑白"命令

01 打开"草屋.jpg"素材图像，由于这个图像中的黄色较多，因此主要调整该颜色，如图 6-105 所示。

图 6-105　素材图像

02 选择"图像"|"调整"|"黑白"命令，打开"黑白"对话框。拖动"黄色"下面的三角形滑块，增加图像中的黄色区域图像，其他参数保持默认设置，如图 6-106 所示。

图 6-106　"黑白"对话框

03 设置好参数后进行确定，即可得到调整图像后的效果，如图 6-107 所示。

图 6-107　黑白图像

04 如果在"黑白"对话框中选中了"色调"复选框，就可以拖动"色相"和"饱和度"下方的三角形滑块，得到单色调图像效果，如图 6-108 所示。

图 6-108　调整后的图像

6.5.11　阈值

使用"阈值"命令可以将一个彩色或灰度图像变成只有黑白两种色调的图像，这种效果适合用来制作版画。打开一幅需要调整的素材图像，如图 6-109 所示。选择"图像"|"调整"|"阈值"命令，在打开的"阈值"对话框中拖动下面的三角形滑块设置阈值参数，设置完成后单击"确定"按钮，即可调整图像的效果，如图 6-110 所示。

图 6-109　素材图像

图 6-110　阈值图像效果

6.6 课堂案例：调出宝宝的嫩白肌肤

课堂案例：	调出宝宝的嫩白肌肤
文件路径	第 6 章 \ 宝宝的嫩白肌肤
技术掌握	调色命令的运用

案例效果

本节将应用本章所学的知识，通过多种调色命令，调整照片颜色，将原有的暗黄肌肤调整得通透嫩白，本例效果如图 6-111 所示。

图 6-111 案例效果

操作步骤

01 打开"宝贝.jpg"图像文件，选择套索工具，在属性栏中设置羽化值为 20，沿着人物的面部和手部等肌肤边缘进行勾选，得到选区，如图 6-112 所示。

图 6-112 绘制选区

02 选择"图像"|"调整"|"曲线"命令，打开"曲线"对话框，在曲线中添加两个节点，并向上拖动，如图 6-113 所示。增加图像的中间调和暗部的亮度。

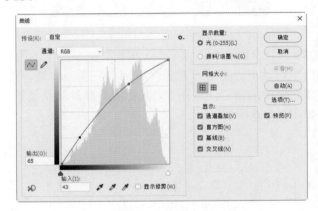

图 6-113 调整曲线

03 单击"确定"按钮，得到调整后的图像效果，如图 6-114 所示。

图 6-114 图像效果

04 保持选区状态，选择"图像"|"调整"|"可选颜色"命令，打开"可选颜色"对话框。在"颜色"下拉列表中选择"红色"，降低其中的各项颜色参数，如图 6-115 所示。

05 在"颜色"下拉列表中选择"黄色"，然后降低其中的各项颜色参数，如图 6-116 所示。

图 6-115　调整红色

图 6-116　调整黄色

06 单击"确定"按钮，得到调整后的图像效果，如图 6-117 所示，按 Ctrl+D 组合键取消选区。

图 6-117　图像效果

07 选择"图像"|"调整"|"曲线"命令，打开"曲线"对话框，在曲线中间添加一个节点并向上拖动，增加图像整体亮度，如图 6-118 所示。

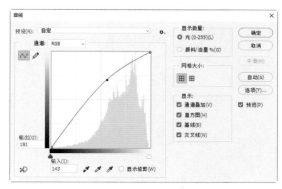

图 6-118　调整曲线

08 单击"确定"按钮，得到调整后的图像效果，此时，画面显得更加通透嫩白，如图 6-119 所示。

图 6-119　调整后的图像效果

09 按 Ctrl+J 组合键复制一次图层，选择"滤镜"|"模糊"|"高斯模糊"命令，打开"高斯模糊"对话框，设置"半径"为 4.7 像素，如图 6-120 所示。

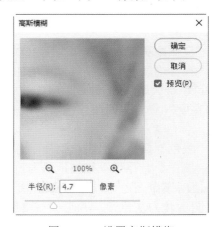

图 6-120　设置高斯模糊

10 单击"确定"按钮，得到模糊图像效果，如图 6-121 所示。

图 6-121　模糊图像效果

11 在"图层"面板中改变图层 1 的图层混合模式为"柔光"，不透明度为 60%，如图 6-122 所示，得到的人物肌肤更加柔嫩，如图 6-123 所示。

图 6-122　设置图层属性

图 6-123　图像效果

12 选择横排文字工具，在画面右侧输入一行英文文字，在属性栏中设置字体为 Bickley Script LET，颜色为灰色，如图 6-124 所示。至此，已完成本案例的制作。

图 6-124　完成后的效果

6.7　高手解答

问："自然饱和度"命令和"色相 / 饱和度"命令有什么区别？

答："自然饱和度"命令可以在增加图像饱和度的同时有效防止颜色饱和过度，当图像颜色接近最大饱和度时可以最大限度地减少颜色的流失。"色相 / 饱和度"命令可以调整图像中单个颜色成分的色相、饱和度和亮度，从而实现图像色彩的改变；还可以通过给像素指定新的色相和饱和度，实现给灰度图像添加颜色。

问："去色"命令和"黑白"命令有什么区别？

答："黑白"命令可以轻松地将彩色图像转换为丰富的黑白图像，然后精细地调整图像的每一种色调和浓淡；使用该命令还可以将黑白图像转换为带有颜色的单色图像。"去色"命令只能简单地去掉所有颜色，将图像转为灰色调，并丢失很多细节；而"黑白"命令则可以通过参数的设置，调整每种颜色在黑白图像中的亮度，使用"黑白"命令可以制作出高质量的黑白照片。

问：使用什么命令可以对图像的阴影、中间调和高光的明暗度进行调整？

答：使用"色阶"命令可以调整图像中颜色的明暗对比度，还能对图像中的阴影、中间调和高光强度进行精细调整。

第7章 绘画与图像修饰

  在平面作品的创作过程中，经常会用到手绘图形操作，因此掌握手绘艺术技能是非常必要的。Photoshop 软件提供了很多绘图工具和图像修饰工具，使用绘图工具可以进行图像的创建；使用图像修饰工具可以对图像进行适当的修饰，可以让图像更美观、更具感染力。本章将学习图像绘制与修饰的操作，通过图像绘制功能，可以绘制出用户需要的图像。

练习实例：绘制童话星空   练习实例：去除图像中的文字
练习实例：制作水彩画效果   练习实例：消除人物红眼
练习实例：绘制烟雾图像   练习实例：绘制动态背景
练习实例：复制水晶鞋图像   练习实例：制作油画图像
练习实例：修复面部雀斑   课堂案例：制作绚丽光斑

7.1 绘图工具

在绘制图像的过程中，用户可以使用工具箱中的画笔工具来绘制边缘柔和的线条图像，也可以绘制具有特殊形状的线条图像。

7.1.1 画笔工具

在使用画笔工具绘制图像的操作中，可以通过各种方式设置画笔的大小、样式、模式、不透明度、硬度等。选择工具箱中的画笔工具 ，可以在其对应的属性栏中设置参数，如图 7-1 所示。

图 7-1　画笔工具的属性栏

画笔工具属性栏中常用选项的含义如下。

- 画笔下拉面板：单击"画笔"选项右侧的下拉按钮，可以打开画笔下拉面板，在面板中可以选择画笔笔尖类型，设置画笔大小和硬度参数，如图 7-2 所示。
- 切换"画笔设置"面板 ：单击该按钮，可以打开"画笔设置"面板。
- 模式：在该下拉列表中可以选择画笔笔迹颜色与下面像素的混合模式，如图 7-3 所示。
- 不透明度：用于设置画笔颜色的不透明度，数值越大，不透明度越高。
- 流量：用于设置画笔工具的压力大小，百分比越大，则画笔笔触就越浓。
- 启用喷枪样式建立的效果 ：单击该按钮，画笔工具会以喷枪的效果进行绘图。

7.1.2 认识"画笔设置"面板

"画笔设置"面板是绘制图像时非常重要的面板之一，通过该面板可以设置绘图工具、修饰工具的画笔大小、笔刷样式和硬度等属性。选择"窗口"|"画笔设置"命令，或按 F5 键，即可打开"画笔设置"面板，如图 7-4 所示。

图 7-2　画笔下拉面板

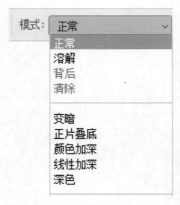

图 7-3　混合模式

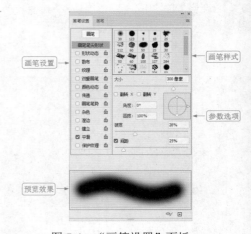

图 7-4　"画笔设置"面板

1. 设置画笔笔尖形状

打开"画笔设置"面板后，默认状态将选择"画笔笔尖形状"选项。在其右侧可以设置画笔的形状、大小、硬度和间距等参数。

- 大小：用来控制画笔的大小，直接输入数值或拖动滑块，即可进行设置。
- 硬度：用来设置画笔绘图时的边缘柔化程度，值越大，画笔边缘越清晰；值越小，则边缘越柔和。如图 7-5 和图 7-6 所示是硬度分别为 70% 和 25% 时的画笔效果。

图 7-5　硬度为 70% 的画笔效果　　　　　　图 7-6　硬度为 25% 的画笔效果

- 角度：用来设置画笔旋转的角度，值越大，则旋转效果越明显。如图 7-7 和图 7-8 所示是角度分别为 45° 和 90° 时的画笔效果。

图 7-7　角度为 45° 的画笔效果　　　　　　图 7-8　角度为 90° 的画笔效果

- 圆度：用来设置画笔垂直方向和水平方向的比例关系，值越大，画笔效果越圆；值越小，则呈现椭圆显示。如图 7-9 和图 7-10 所示是圆度分别为 70% 和 10% 时的画笔效果。

图 7-9　圆度为 70% 的画笔效果　　　　　　图 7-10　圆度为 10% 的画笔效果

- 间距：用来设置连续运用画笔工具进行绘制时，前一个产生的画笔和后一个产生的画笔之间的距离，数值越大，间距就越大。如图 7-11 和图 7-12 所示是间距分别为 100% 和 140% 时的间距效果。

图 7-11　间距为 100% 的画笔效果　　　　　　图 7-12　间距为 140% 的画笔效果

- 翻转：画笔翻转可分为水平翻转和垂直翻转，分别对应于"翻转 X"和"翻转 Y"复选框，例如，对树叶状的画笔垂直翻转后的效果对比如图 7-13 和图 7-14 所示。

图 7-13　树叶状的画笔效果　　　　　　　图 7-14　垂直翻转后的画笔效果

2. 设置形状动态画笔

设置画笔形状动态效果，可以绘制出具有渐隐效果的图像。选中"画笔设置"面板中的"形状动态"复选框后，此时的面板显示如图 7-15 所示。

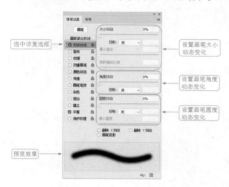

图 7-15　形状动态对应的面板

知识点滴

在"控制"选项下拉列表框中有"关""渐隐""钢笔压力""钢笔斜度""光笔轮"等多个选项。其中"关"选项是指不指定画笔的抖动效果，"渐隐"是指设置笔迹逐渐消失的效果。

- 大小抖动：用来控制画笔产生的画笔大小的动态效果，值越大，抖动越明显，如图 7-16 和图 7-17 所示分别为大小抖动为 50% 和 100% 时的抖动效果。

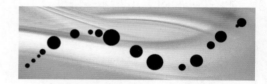

图 7-16　抖动为 50% 的效果　　　　　　　图 7-17　抖动为 100% 的效果

- 抖动方式：在面板中的"控制"下拉列表框中可以选择用来控制画笔抖动的方式。

在"控制"下拉列表中选择某种抖动方式后，如果其右侧的数值框可用，表示当前设置的抖动方式有效，否则该抖动方式无效。

- 大小抖动方式：当设置大小抖动方式为渐隐时，其右侧的数值框用来设置渐隐的步数，值越小，渐隐越明显。如图 7-18 和图 7-19 所示分别为渐隐步数为 2 和 10 时的效果。

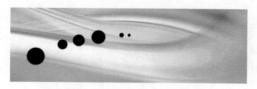

图 7-18　渐隐步数为 2 的效果　　　　　　　图 7-19　渐隐步数为 10 的效果

- 角度抖动方式：当设置角度抖动方式为渐隐时，其右侧的数值框用来设置画笔旋转的步数，如图 7-20 和图 7-21 所示分别为在 5 步和 50 步时的旋转效果。

图 7-20　15 步旋转效果

图 7-21　50 步旋转效果

🖐 圆度抖动方式：当设置圆度抖动方式为渐隐时，其右侧的数值框用来设置画笔圆度抖动的步数，如图 7-22 和图 7-23 所示分别为在 5 步和 50 步时的圆度抖动效果。

图 7-22　5 步圆度抖动效果

图 7-23　50 步圆度抖动效果

3．设置散布画笔

通过为画笔设置散布可以使绘制后的画笔图像在图像窗口随机分布。选中"画笔设置"面板中的"散布"复选框后，此时的面板显示如图 7-24 所示。

🖐 散布：用来设置画笔散布的距离，值越大，散布范围越宽。

🖐 数量：用来控制画笔产生的数量，值越大，数量越多。

4．设置纹理画笔

通过为画笔设置纹理可以使绘制后的画笔图像在图像中产生纹理化的效果。选中"画笔设置"面板中的"纹理"复选框后，此时的面板显示如图 7-25 所示。

图 7-24　散布对应的面板

图 7-25　纹理对应的面板

🖐 缩放：用来设置纹理在画笔中的大小，值越大，纹理显示面积越大。

🖐 深度：用来设置纹理在画笔中溶入的深度，值越小，显示越不明显。

🖐 深度抖动：用来设置纹理融入画笔中的变化，值越大，抖动越强，效果越明显。

5. 设置双重画笔

通过为画笔设置双重画笔可以使绘制后的画笔图像中具有两种画笔样式的融入效果。

首先在"画笔设置"面板中的画笔预览框中选择一种画笔样式作为双重画笔中的第一种画笔样式，如图 7-26 所示，然后选中"双重画笔"复选框，在面板中选择一种画笔样式作为双重画笔中的第二种画笔样式，如图 7-27 所示。设置第二种画笔样式的大小、间距、散布、数量，以及与第一种画笔样式间的混合模式，即可绘制出具有两种画笔样式混合的图像效果。

6. 设置传递画笔

选中"传递"复选框，可以显示对应的画笔面板，如图 7-28 所示。传递画笔选项用于确定油彩在描边路线中的改变方式。其中的"不透明度抖动"和"控制"选项用于指定画笔描边中油彩不透明度的变化方式。

图 7-26　选择第一种画笔样式　　　图 7-27　选择第二种画笔样式　　　图 7-28　传递对应的面板

7. 设置颜色动态

通过为画笔设置颜色动态，可以使绘制后的画笔图像在两种颜色之间产生渐变过渡。

在工具箱中设置前景色为蓝色，背景色为白色。选择画笔工具，并在"画笔设置"面板中选择如图 7-29 所示的画笔样式，再选中"颜色动态"复选框，并在面板中设置颜色的色相、饱和度、亮度和纯度，使之产生渐隐样式，如图 7-30 所示。在图像中拖动光标进行绘制，绘制后的图像颜色将在前景色和背景色之间过渡，如图 7-31 所示。

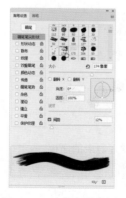 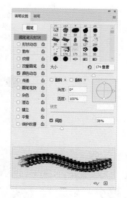 

图 7-29　选择画笔样式　　　图 7-30　设置颜色动态　　　图 7-31　颜色动态变化

8．设置其他画笔

其他画笔的设置包括杂色、湿边、建立（喷枪）、平滑和保护纹理，只需选中对应的复选框即可，因为这些选项都没有参数控制，只是在画笔中产生相应的效果而已。

- 杂色：可以设置在画笔透明的区域添加杂点。
- 湿边：可以使画笔的边缘增大油彩量，从而得到水彩效果。
- 建立：可以用于对图像应用渐变色调，与属性栏中喷枪按钮的使用方法相同。
- 平滑：可以在画笔描边中产生较为平滑的曲线。
- 保护纹理：可以对所有具有纹理的画笔预设应用相同的图案和比例。

练习实例：绘制童话星空	
文件路径	第 7 章 \ 童话星空
技术掌握	设置画笔笔尖形状

01 打开"童话世界.jpg"素材图像，如图 7-32 所示，选择工具箱中的画笔工具，然后按 F5 键打开"画笔设置"面板，下面将在天空中添加星光效果。

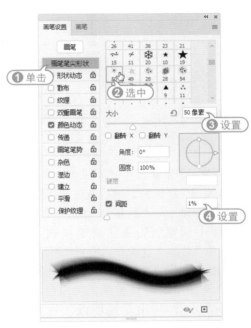

图 7-33　设置笔尖样式

图 7-32　素材图像

02 在画笔笔尖形状中选择"样本笔尖"，在"大小"选项中设置笔尖大小为 50 像素，再设置"间距"为 1%，其他参数保持不变，如图 7-33 所示。

03 在属性栏中单击"启用喷枪样式建立的效果"按钮 ，新建图层 1，设置前景色为白色，在图像上方多次单击鼠标左键绘制出单个星光图像，如图 7-34 所示。

图 7-34　绘制单个星光图像

04 在"画笔设置"面板中设置笔尖形状的大小为 100 像素、"间距"为 120%，如图 7-35 所示；再选中"形状动态"复选框，调整"大小抖动"为 100%，如图 7-36 所示。

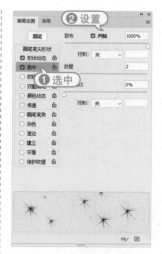

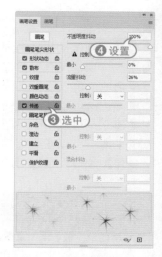

图 7-37 设置散布选项　　图 7-38 设置传递选项

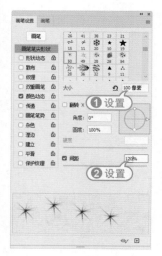

图 7-35 设置笔尖参数　　图 7-36 设置形状动态

05 选中"散布"复选框，然后选中"两轴"复选框，设置参数为 1000%，"数量"为 2，可以在面板下方的缩览图中预览所设置的画笔样式，如图 7-37 所示；再选中"传递"复选框，设置"不透明度抖动"参数为 100%，如图 7-38 所示。

06 新建一个图层，设置前景色为白色，在天空图像中适当拖动，绘制出星光图像，效果如图 7-39 所示。

图 7-39 绘制星光图像

7.1.3 铅笔工具

铅笔工具 ✐ 的绘图方法与现实生活中的铅笔绘图相似，绘制出的线条效果比较生硬，主要用于直线和曲线的绘制，其操作方法与画笔工具相同，不同的是在属性栏中增加了一个"自动抹除"选项，如图 7-40 所示。

图 7-40 铅笔工具属性栏

知识点滴

铅笔工具属性栏中有一个"自动抹除"复选框，这是该工具独有的选项。选中该复选框，铅笔工具将具有擦除功能，与橡皮擦工具的功能相同，即在绘制过程中笔头经过与前景色一致的图像区域时，将自动擦除前景色而填入背景色。

7.1.4 颜色替换工具

颜色替换工具 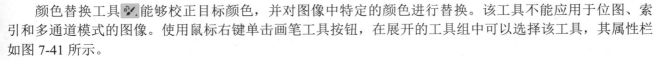 能够校正目标颜色，并对图像中特定的颜色进行替换。该工具不能应用于位图、索引和多通道模式的图像。使用鼠标右键单击画笔工具按钮，在展开的工具组中可以选择该工具，其属性栏如图 7-41 所示。

图 7-41 颜色替换工具属性栏

颜色替换工具属性栏中常用选项的作用如下。

- 模式："模式"下拉列表中提供了 4 种混合模式，分别是"色相""饱和度""颜色"和"明度"，不同的模式可以改变替换的颜色与背景色之间的效果。
- 取样方式 ：颜色替换工具分别提供了 3 种取样方式，依次是"连续""一次"和"背景色板"。"连续"表示拖动时对图像连续取样；"一次"表示只替换第一次单击颜色所在区域的目标颜色；"背景色板"表示只涂抹包含背景色的区域。
- 限制：该选项下拉列表中有 3 个选项。其中"连续"是指可以替换光标周围邻近的颜色；"不连续"是指可以替换光标所经过的任何颜色；"查找边缘"是指可以替换样本颜色周围的区域，同时保留图像边缘。
- 容差：输入数值或者拖动滑块可以调整容差的数值，增减颜色的范围。

7.1.5 混合器画笔工具

混合器画笔工具 是较为专业的绘画工具，使用该工具可以绘制出更为细腻的效果图，它可以像传统绘画过程中混合颜料一样混合像素。

选择混合器画笔工具 ，其属性栏如图 7-42 所示，在其中可以设置笔触的颜色、潮湿度和混合色等。

图 7-42 混合器画笔工具属性栏

混合器画笔工具属性栏中常用选项的作用如下。

- 潮湿：设置画笔从画布拾取的油彩量，数值越高，绘画条痕将越长。
- 载入：设置画笔上的油彩量。当数值较低时，绘画描边干燥的速度会更快。
- 混合：用于设置多种颜色的混合。当数值为 0 时，该选项不可用。
- 流量：控制混合画笔的流量大小。
- 对所有图层取样：若选中该复选框，则将所有图层作为一个单独的合并图层看待。

练习实例：制作水彩画效果	
文件路径	第 7 章 \ 制作水彩画
技术掌握	混合器画笔工具

01 打开"水果.jpg"素材文件，如图 7-43 所示。
02 按 Ctrl+J 组合键复制一次背景图像，得到图层 1，如图 7-44 所示。

图 7-43　素材图像

图 7-44　复制图像

03 选择混合器画笔工具 ，单击属性栏中的切换"画笔设置"面板按钮 ，打开"画笔设置"面板，选择画笔样式为"圆形素描圆珠笔"，设置"大小"为 60 像素、"间距"为 22%，如图 7-45 所示。

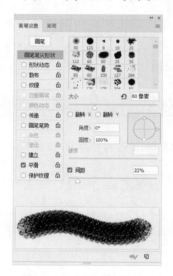

图 7-45　选择和设置画笔

04 设置前景色为粉红色 (R202,G124,B124)，在属性栏中分别设置"潮湿"为 19%、"载入"为 5%、"混合"为 100%，如图 7-46 所示。

图 7-46　设置画笔属性

05 使用设置好的混合器画笔工具在图像中按住鼠标左键拖动，涂抹出静物图像的大致走向和轮廓，如图 7-47 所示。

06 在"图层"面板中选择背景图层，按 Ctrl+J 组合键复制背景图层，并将其放到最上面一层，如图 7-48 所示。

图 7-47　涂抹图像

图 7-48　复制图层

07 选择"滤镜"|"滤镜库"命令，打开"滤镜库"对话框，选择"艺术效果"|"水彩"命令，设置参数分别为 8、2、2，如图 7-49 所示。

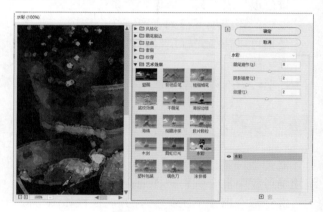

图 7-49　添加滤镜

08 单击"确定"按钮回到画面中，设置"背景 拷贝"图层的图层混合模式为"线性减淡（添加）"，如图 7-50 所示，得到的水彩画效果如图 7-51 所示。

图 7-50　设置图层混合模式

图 7-51　水彩画效果

7.2 图像的简单修饰

Photoshop 提供了多种图像修饰工具，使用它们会让图像更加完美，更具艺术性。常用的图像修饰工具都位于工具箱中，包括模糊工具组和减淡工具组等。

7.2.1 模糊工具和锐化工具

模糊工具  可以柔化图像，使用该工具在图像中绘制的次数越多，图像就越模糊。锐化工具 可以增大图像中的色彩反差，其作用与模糊工具 刚好相反，反复涂抹同一区域会造成图像失真。

选择工具箱中的模糊工具 ，其属性栏如图 7-52 所示，该属性栏与锐化工具属性栏基本相同。

图 7-52　模糊工具属性栏

模糊工具属性栏中主要选项的作用如下。

- 画笔：用于设置涂抹图像时的画笔大小，与画笔工具的使用方法一致。
- 模式：用于选择涂抹图像的模式。
- 强度：用于设置模糊的压力程度。数值越大，模糊效果越明显；反之则模糊效果越弱。

选择这两种工具后，在图像中单击并拖动鼠标，即可处理图像。打开"彩蛋.jpg"素材图像，如图 7-53 所示。选择模糊工具 ，在图像上方按住鼠标左键来回拖动，涂抹背景图像，得到景深效果，如图 7-54 所示。使用锐化工具在画面底部涂抹，可使图像变得更加清晰，如图 7-55 所示。

图 7-53　素材图像　　　　　图 7-54　模糊图像　　　　　图 7-55　锐化图像

7.2.2 减淡工具和加深工具

使用减淡工具 可以提高图像中色彩的亮度，常用来增加图像的亮度，它主要是根据照片特定区域曝光度的传统摄影技术原理使图像变亮。加深工具 用于降低图像的曝光度，它的作用与减淡工具的作用相反。这两个工具的属性栏基本相同，减淡工具属性栏如图 7-56 所示。

图 7-56　减淡工具属性栏

减淡工具属性栏中主要选项的作用如下。

◦ 范围：用于设置图像颜色亮度的范围，其下拉列表中有 3 个选项，其中"中间调"表示更改图像中颜色呈灰色显示的区域；"阴影"表示更改图像中颜色显示较暗的区域；"高光"表示只对图像颜色显示较亮的区域进行更改。

◦ 曝光度：用于设置应用画笔时的力度。

打开"听音乐.jpg"，如图 7-57 所示，选择减淡工具 🔎，在属性栏中设置范围为"中间调"，然后在图像中涂抹人物和音符图像，图像将变亮，如图 7-58 所示。使用加深工具 ✍，在属性栏中设置范围为"阴影"，在图像中涂抹背景图像，加强图像对比度，效果如图 7-59 所示。

图 7-57　素材图像　　　　　　图 7-58　减淡的图像　　　　　　图 7-59　加深的图像

7.2.3　涂抹工具

使用涂抹工具 🖐 可以模拟在湿的颜料画布上涂抹而使图像产生的变形效果。该工具可以拾取鼠标单击处的颜色，并沿着拖动的方向展开这种颜色。

练习实例：绘制烟雾图像	
文件路径	第 7 章 \ 绘制烟雾图像
技术掌握	涂抹工具

01 打开"火柴.jpg"素材文件，如图 7-60 所示。

图 7-60　素材图像

02 新建一个图层，设置前景色为白色，选择画笔工具，在火柴上方绘制白色柔和的线条图像，如图 7-61 所示。

图 7-61　绘制白色图像

03 选择工具箱中的涂抹工具 🖐，在属性栏中设置画笔样式为"柔边圆"、大小为 80 像素，硬度为 0%，如图 7-62 所示。

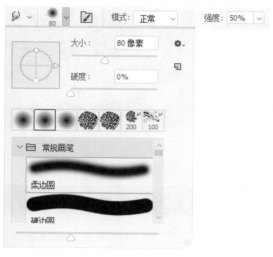

图 7-62　设置属性栏参数

图 7-63　涂抹图像

04 将光标移到白色图像中，按住鼠标左键拖动，对白色图像进行涂抹，得到变形的图像效果，如图 7-63 所示。

05 继续在白色图像上单击并拖动，得到朦胧的烟雾效果，如图 7-64 所示。

 进阶技巧

在使用涂抹工具时，应注意画笔大小的调整。通常，画笔越大，系统所运行的时间就越长，但涂抹出来的图像区域也就越大。

图 7-64　烟雾图像效果

7.2.4　海绵工具

使用海绵工具 <img> 可以精确地更改图像区域中的色彩饱和度，产生像海绵吸水一样的效果，从而使图像失去光泽感。选择工具箱中的海绵工具 <img>，其属性栏如图 7-65 所示。

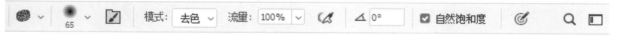

图 7-65　海绵工具属性栏

打开"糕点.jpg"素材图像，在工具箱中选择海绵工具 <img>，在属性栏的"模式"下拉列表框中选择"去色"选项，设置"流量"为 100%，如图 7-66 所示。使用海绵工具在茶杯图像中单击并拖动光标进行涂抹，可以降低茶杯图像的饱和度，如图 7-67 所示。在属性栏中设置"模式"为"加色"，然后在蛋糕和盘子上拖动光标进行涂抹，即可加深图像颜色，如图 7-68 所示。

图 7-66　设置属性栏

图 7-67　降低茶杯图像的饱和度

图 7-68　加深图像颜色

7.3　修复瑕疵图像

进行图像处理时，不论是选取的素材还是拍摄的照片，难免会有一些瑕疵，这就需要对图像进行修复处理。Photoshop 为用户提供了专门用于修复图像缺陷的工具，使用这些工具能够方便快捷地修复图像中的瑕疵，或巧妙地复制图像。

7.3.1　仿制图章工具

使用仿制图章工具 可以从图像中取样，然后将图像中的一部分复制到同一图像的另一个位置上。单击工具箱中的仿制图章工具按钮 ，在属性栏中可以设置图章的画笔大小、模式、不透明度和流量等参数，如图 7-69 所示。

图 7-69　仿制图章工具属性栏

练习实例：复制水晶鞋图像

文件路径	第 7 章 \ 复制水晶鞋
技术掌握	仿制图章工具

01 打开"鞋子.jpg"素材文件，如图 7-70 所示。

图 7-70　打开图像

02 选择仿制图章工具 ，将光标移至鞋子图像中，按住 Alt 键，当光标变成 形状时，单击鼠标左键进行图像取样，如图 7-71 所示。

图 7-71　取样图像

03 松开 Alt 键，将鼠标移到图像左侧适当的位置，单击并拖动鼠标即可复制取样的图像，如图 7-72 所示。

04 继续复制并单击后拖动鼠标，得到整个鞋子图像，效果如图 7-73 所示。

图 7-72　复制图像

图 7-73　整个鞋子的复制效果

7.3.2　图案图章工具

使用图案图章工具可以将 Photoshop 提供的图案或自定义的图案应用到图像中。单击工具箱中的图案图章工具，其属性栏如图 7-74 所示。

图 7-74　图案图章工具属性栏

图案图章工具属性栏中主要选项的作用如下。

💭 "图案"拾色器：单击"图案"拾色器缩览图右侧的向下箭头按钮可以打开"图案"拾色器，从中选择所需要的图案样式。

💭 对齐：选中该复选框，可以保持图案与原始起点的连续性，如图 7-75 所示；取消选中该复选框，每次单击鼠标时都会重新应用图案，如图 7-76 所示。

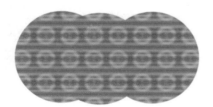

图 7-75　对齐效果

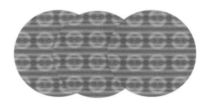

图 7-76　不对齐效果

💭 印象派效果：选中此复选框时，绘制的图案具有印象派绘画的抽象效果。图 7-77 和图 7-78 所示分别为未选择印象派和已选择印象派的效果。

图 7-77　未选择印象派效果

图 7-78　选择印象派效果

使用污点修复画笔工具 ✎ 可以消除图像中的污点和某个对象。对于污点修复画笔工具，不需要指定基准点，它能自动从所修饰区域的周围进行像素的取样。

使用鼠标右键单击工具箱中的"修复工具组"按钮，在弹出的工具列表中选择污点修复画笔工具 ✎，其属性栏如图 7-79 所示。

图 7-79 污点修复画笔工具属性栏

污点修复画笔工具属性栏中主要选项的作用如下。

- 画笔：与画笔工具属性栏对应的选项一样，用来设置画笔的大小和样式等。
- 模式：用于设置修饰图像时使用的混合模式，其中包括"正常""正片叠底"和"替换"等 8 种模式。
- 类型：用于设置修复的方法。其中单击"内容识别"按钮，系统会自动根据选择的背景进行像素采样，然后自动计算出一个比较合理的区域对图像进行填充修复；单击"创建纹理"按钮，将通过纹理图案修复图像，并与周围纹理相协调；单击"近似匹配"按钮，将使用要修复区域周围的像素来修复图像。

练习实例：修复面部雀斑	
文件路径	第 7 章 \ 修复面部雀斑
技术掌握	污点修复画笔工具

01 打开"雀斑少女.jpg"素材文件，如图 7-80 所示，可以看到人物面部有明显的雀斑。

图 7-80 素材图像

02 选择污点修复画笔工具 ✎，在属性栏中设置画笔大小为 50，在人物面部中有斑点的地方单击并拖动鼠标，即可自动地对图像进行修复，如图 7-81 所示。

图 7-81 修复图像

03 适当缩小画笔，在没有修复的斑点处单击并拖动鼠标，完成修复后的图像效果如图 7-82 所示。

图 7-82 完成修复

7.3.4　修复画笔工具

使用修复画笔工具 ，可以通过图像或图形中的样本像素来进行绘画，还可以将样本像素的纹理、光照、透明度和阴影与所修复的像素进行匹配，从而使修复后的像素自然地融入图像中。

在工具箱中选择修复画笔工具，其属性栏如图 7-83 所示。

图 7-83　修复画笔工具属性栏

修复画笔工具属性栏中常用选项的作用如下。

- 源：单击"取样"按钮，按住 Alt 键在要取样的图像中单击即可使用当前图像中的像素修复图像；单击"图案"按钮，可以在右侧的"图案"下拉列表框中选择图案来修复图像。
- 对齐：选中该复选框，可以连续对像素进行取样，即使多次操作，复制出来的图像仍然是同一幅图像；若取消选中该复选框，则会在每次停止并重新开始绘制时使用初始取样点中的样本像素。

练习实例：去除图像中的文字

文件路径	第 7 章 \ 去除图像中的文字
技术掌握	修复画笔工具

01 打开"风景.jpg"图像，选择修复画笔工具 ，在属性栏中设置画笔大小为 80，并单击"取样"按钮，按住 Alt 键单击图像中文字周围的图像，得到取样图像，如图 7-84 所示。

图 7-84　取样图像

02 取样后松开 Alt 键，在文字图像中单击并拖动鼠标进行修复，如图 7-85 所示。

03 继续对文字周围的天空图像取样，然后在文字图像中单击拖动鼠标，修复图像，在修复过程中可

以适当调整画笔大小，修复完成后的效果如图 7-86 所示。

图 7-85　修复图像

图 7-86　完成后的效果

第 7 章　绘画与图像修饰

Photoshop 2020 图像处理标准教程（全彩版）

使用修补工具 可以利用样本或图案来修复所选图像区域中不理想的部分，该工具是通过复制功能来对图像进行处理。使用修补工具必须要建立选区，在选区范围内修补图像。例如，对图 7-87 中的石头进行修补，可以得到如图 7-88 所示的效果。

图 7-87 原图像

图 7-88 修补后的图像

选择工具箱中的修补工具 ，其属性栏如图 7-89 所示。

图 7-89 修补工具属性栏

修补工具属性栏中主要选项的作用如下。

🔾 修补：如果用户单击"源"按钮，创建选区后，将选区拖动到要修补的区域，在修补选区内将显示移动后所选区域的图像，如图 7-90 所示；单击"目标"按钮，修补区域的图像被移动后，将使用选择区域内的图像进行覆盖，如图 7-91 所示。

🔾 透明：设置应用透明的图案。

🔾 使用图案：当图像中建立了选区后此项即可被激活。在选区中应用图案样式后，可以保留图像原来的质感。

图 7-90 显示选区图像

图 7-91 显示原选区图像

 进阶技巧

在使用修补工具创建选区时，其操作方式与套索工具一样。此外，还可以通过矩形选框工具和椭圆选框工具等选区工具在图像中创建选区，然后使用修补工具进行修补。

7.3.6 内容感知移动工具

使用内容感知移动工具 ⚒ 可以创建选区，并通过移动选区，将选区中的图像进行复制，而原图像则被扩展或与背景图像自然地融合在一起。内容感知移动工具的属性栏与修补工具的属性栏相似，使用方法也相似。

选择工具箱中的内容感知移动工具，在图像中创建选区，然后移动选区中的图像，这时 Photoshop 会自动将影像与周围的图像融合在一起，而原始图像区域则会进行智能填充，效果如图 7-92 至图 7-95 所示。

图 7-92 原图像

图 7-93 移动图像

图 7-94 "移动"模式

图 7-95 "扩展"模式

7.3.7 红眼工具

使用红眼工具 ⊙ 可以移去使用闪光灯拍摄的人物照片中的红眼效果，还可以移去动物照片中的白色或绿色反光，但它对"位图""索引颜色""多通道"颜色模式的图像不起作用。

 知识点滴

红眼工具属性栏中的"瞳孔大小"用于设置瞳孔（眼睛暗色的中心）的大小；"变暗量"用于设置瞳孔的暗度。

练习实例：消除人物红眼	
文件路径	第 7 章 \ 消除人物红眼
技术掌握	红眼工具

01 打开"红眼.jpg"素材图像，如图 7-96 所示。

02 选择工具箱中的红眼工具 ⊙，在其属性栏中设置"瞳孔大小"和"变暗量"都为 50%，如图 7-97 所示。

143

图 7-96　素材图像

图 7-98　框选红眼

图 7-97　红眼工具属性栏

03 使用红眼工具绘制一个选框将红眼选中，如图 7-98 所示。

04 释放鼠标后即可得到修复后的效果，然后使用同样的方法修复另一个红眼，效果如图 7-99 所示。

图 7-99　修复红眼后的效果

7.4　历史记录画笔工具组

在 Photoshop 中，使用历史记录画笔工具可以将图像的一个状态或快照的备份绘制到当前图像窗口中；历史记录艺术画笔工具可以使用指定的历史记录状态或快照中的源数据，以风格化描边的形式进行绘画，使图像产生抽象的艺术风格。

7.4.1　使用历史记录画笔工具

历史记录画笔工具能够依照"历史记录"面板中的快照和某个状态，将图像的局部或全部还原到以前的状态。选择该工具，其属性栏与画笔工具类似，如图 7-100 所示。

图 7-100　历史记录画笔工具属性栏

练习实例：绘制动态背景	
文件路径	第 7 章 \ 绘制动态背景
技术掌握	历史记录画笔工具

01 打开"骏马.jpg"素材图像，如图 7-101 所示。

图 7-101　素材图像

02 选择"滤镜"|"模糊"|"径向模糊"命令，在

打开的"径向模糊"对话框中设置模糊方法为"缩放",在"中心模糊"中将模糊点定位为中间,如图7-102所示,完成后单击"确定"按钮。

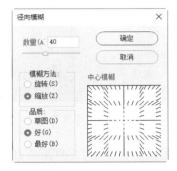

图 7-102　设置径向模糊效果

图 7-103　设置画笔属性

03 选择历史记录画笔工具,在属性栏中选择画笔样式为柔边圆,设置画笔大小为45像素,如图7-103所示。

04 在图像中涂抹骏马图像,得到部分恢复的图像,效果如图7-104所示。

图 7-104　涂抹效果

7.4.2　使用历史记录艺术画笔工具

历史记录艺术画笔工具与历史记录画笔工具的操作方法类似,其属性栏也相似。历史记录艺术画笔工具能绘制出更加丰富的图像效果,如油画效果。

练习实例:制作油画图像	
文件路径	第7章\制作油画图像
技术掌握	历史记录艺术画笔工具

01 打开"小孩.jpg"素材图像,单击"历史"面板中的"创建新快照"按钮 📷 创建快照,如图7-105所示。

图 7-105　新建快照

02 选择历史记录艺术画笔工具 🖌,单击属性栏中画笔旁边的向下箭头按钮,选择"柔边圆"画笔,"大小"为20像素,再设置"样式"为"绷紧中",如图7-106所示。

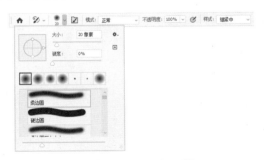

图 7-106　设置画笔属性

03 设置好画笔后,在图像中进行粗略的涂抹,大面积涂抹完后,效果如图7-107所示。

04 适当缩小画笔,对图像细节部分进行涂抹,效果如图7-108所示。

图 7-107　涂抹画面

图 7-108　图像效果

7.5　课堂案例：制作绚丽光斑

课堂案例：制作绚丽光斑	
文件路径	第 7 章 \ 制作绚丽光斑
技术掌握	画笔工具、"画笔设置"面板

案例效果

本节将使用画笔工具绘制绚丽光斑效果，主要练习设置画笔工具的笔尖形状、散布和形状动态等属性和绘画操作，本案例的效果如图 7-109 所示。

图 7-109　案例效果

操作步骤

01 打开"灯泡.jpg"素材图像，如图 7-110 所示。下面将使用画笔工具中的"散布"和"形状动态"选项，在画面中添加绚丽光斑图像。

图 7-110　素材图像

02 选择画笔工具 ，单击属性栏中的 按钮，打开"画笔设置"面板，选择画笔样式为柔角，设置"大小"为 15 像素、"间距"为 150%，如图 7-111 所示。

03 选中"形状动态"复选框，设置"大小抖动"为 100%，设置"控制"为"渐隐"，其值为 40，如图 7-112 所示。

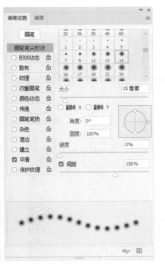

图 7-111　设置画笔　　　　图 7-112　设置"形状动态"

04 选中"散布"复选框，再选中"两轴"复选框，设置"散布"参数为 1000%，如图 7-113 所示。

05 新建一个图层，设置前景色为白色，使用设置好的画笔工具在灯泡图像周围绘制白色圆点，如图 7-114 所示。

图 7-113　设置"散布"　　图 7-114　绘制白色圆点

06 在"图层"面板中设置图层 1 的不透明度为 50%，得到较为透明的白色图像效果，如图 7-115 所示。

07 新建图层 2，设置前景色为淡黄色 (R255,G247, B23)，在灯泡周围绘制出黄色圆点，然后再缩小画

笔，将前景色改为白色，绘制出少数白色圆点，如图 7-116 所示。

图 7-115　图像效果

图 7-116　绘制图像

08 在"图层"面板中设置图层 2 的混合模式为"叠加"，将圆点与背景图像混合，混合后的图像效果如图 7-117 所示。

图 7-117　图像效果

09 打开"文字 .psd"素材图像，使用"移动工具" ，将其拖曳到当前编辑的图像中，放到画面左下方。

至此，已完成本案例的制作，效果如图 7-118 所示。

图 7-118　添加文字后的最终效果

7.6　高手解答

问：进行图像处理时，当图像存在一些瑕疵时，可以使用什么工具进行修复？

答：Photoshop 为用户提供了专门用于修复图像缺陷的工具，使用这些工具能够方便快捷地修复图像中的瑕疵，或巧妙地复制图像。其中包括仿制图章工具、图案图章工具、污点修复画笔工具、修复画笔工具、修补工具、内容感知移动工具和红眼工具。用户可以根据实际情况，选用适当的修复工具对图像进行处理。

问：仿制图章工具和修补工具有何异同？

答：仿制图章工具和修补工具都是通过复制图像来处理图像中的瑕疵。区别在于：使用仿制图章工具是通过从图像中取样，将图像中的一部分复制到同一图像的另一个位置上，在属性栏中可以设置图章的画笔大小、不透明度、模式和流量等参数；使用修补工具是通过复制样本或图案来修复所选图像区域中不理想的部分，使用修补工具必须要建立选区，在选区范围内修补图像。

问：历史记录画笔工具和历史记录艺术画笔工具有何不同？

答：历史记录画笔工具可以将图像的一个状态或快照的备份绘制到当前图像窗口中；而历史记录艺术画笔工具可以使用指定的历史记录状态或快照中的源数据，以风格化描边的方式进行绘画，使图像产生抽象的艺术风格。历史记录画笔工具和历史记录艺术画笔工具的操作方法相同。

第8章 路径与矢量图形

　　无论将矢量图放大多少倍，图像都具有同样平滑的边缘和清晰的视觉效果，因而矢量图在平面设计中的应用备受追捧。在 Photoshop 中有两组专门用于绘制和编辑矢量图的工具组：钢笔工具组和形状工具组。通过这两组工具可以制作具有矢量风格的作品，也可以为位图作品添加矢量元素。另外，使用钢笔工具还可以进行精确的抠图操作。

练习实例：绘制直线和曲线路径　　　　练习实例：绘制多边形图形
练习实例：复制路径　　　　　　　　　练习实例：绘制各种箭头图形
练习实例：在路径中填充图案　　　　　练习实例：绘制自定形状
练习实例：对路径进行描边　　　　　　课堂案例：制作杂志封面
练习实例：绘制矩形图形

8.1 了解路径与绘图模式

路径是可以转换为选区或使用颜色填充和描边的轮廓，由于路径具有灵活多变和强大的图像处理功能，因此深受广告设计人员的喜爱。

8.1.1 认识绘图模式

在 Photoshop 中绘制路径与图形时主要使用的是钢笔工具和形状工具，这两组工具绘制出的图形都是矢量图形，都可以通过路径编辑工具进行各种编辑。钢笔工具主要用于绘制不规则图形，而形状工具则是通过 Photoshop 中内置的图形样式绘制规则的图形。

在绘制图形之前，首先要在属性栏中选择绘图模式。选择钢笔工具或形状工具，在其属性栏左侧可以看到绘图模式选项，如图 8-1 所示，其中包括"形状""路径"和"像素"，各种模式的图像效果如图 8-2所示。

图 8-1　绘图模式

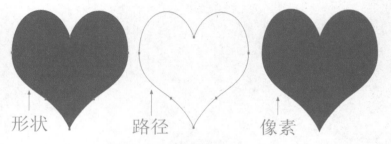

图 8-2　各种模式效果

- 形状：选择该模式，绘制路径后，在"图层"面板中会自动添加一个新的形状图层。形状图层就是带形状剪贴路径的填充图层，图层中间的填充色默认为前景色。单击缩略图可改变填充色。
- 路径：选择该模式，绘制出来的矢量图形将只产生工作路径，而不产生形状图层和填充色。
- 像素：选择该模式，绘制图形时既不产生工作路径，也不产生形状图层，但会使用前景色填充图像。这样，绘制的图像将不能作为矢量对象进行编辑。

8.1.2 路径的结构

路径在 Photoshop 中是使用贝赛尔曲线所构成的一段闭合或者开放的曲线段，主要由钢笔工具和形状工具绘制而成，它与选区一样本身是没有颜色和宽度的，不会被打印出来。

路径的很多操作基本都是通过"路径"面板来进行的，选择"窗口"|"路径"命令即可打开该面板，在其中可以看到绘制的路径缩览图，如图 8-3 所示。

绘制路径后，可以看到，路径主要由锚点、线段(直线或曲线)以及控制手柄 3 部分构成，直线型路径中的锚点无控制手柄，曲线型路径中的锚点由两个控制手柄来控制曲线的形状，如图 8-4所示。

图 8-3 "路径"面板

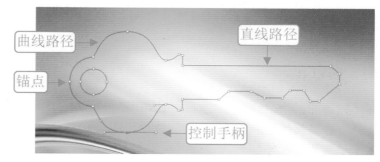

图 8-4 路径结构图

- 锚点：锚点由空心小方格表示，分别在路径中每条线段的两端，黑色实心的小方格表示当前选择的定位点。定位点有平滑点和拐点两种，平滑点是平滑连接两条线段的定位点；拐点是非平滑连接两条线段的定位点。
- 控制手柄：当选择一个锚点后，会在该锚点上显示 1 ～ 2 个控制手柄，拖动控制手柄一端的小圆点可以调整与之关联的线段的形状和曲率。
- 线段：由多条线段依次连接而成的一条路径。

8.2 使用钢笔工具组

在 Photoshop 中，使用钢笔工具可以绘制出平滑的曲线，在缩放或者变形之后仍能保持平滑效果，也可以绘制直线路径和曲线路径。

8.2.1 钢笔工具

钢笔工具属于矢量绘图工具，绘制出来的图形为矢量图形。使用钢笔工具绘制直线段的方法较为简单，在画面中单击作为起点，然后到适当的位置再次单击即可绘制出直线路径；按住鼠标进行拖动，即可绘制出曲线路径。选择钢笔工具 ，其对应的属性栏如图 8-5 所示。

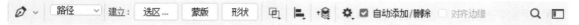

图 8-5 钢笔工具属性栏

钢笔工具属性栏中常用选项的作用如下。

- 路径 ：在该下拉列表中有 3 个选项：形状、路径和像素，它们分别用于创建形状图层、工作路径和填充区域，选择不同的选项，属性栏中将显示相应的选项内容。
- 建立：选区... 蒙版 形状 ：该组按钮用于在创建选区后，将路径转换为选区或者形状等。
- ：该组按钮用于对路径进行编辑，包括路径的合并、重叠、对齐方式以及前后顺序等。
- 自动添加/删除：该复选框用于设置是否自动添加 / 删除锚点。

练习实例：绘制直线和曲线路径

文件路径	第 8 章 \ 绘制直线和曲线路径
技术掌握	钢笔工具

01 打开"躺椅.jpg"素材图像。选择工具箱中的钢笔工具 ⬧，在其属性栏中选择"路径"选项，然后在图像中单击鼠标左键作为路径起点，如图 8-6 所示。

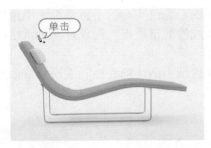

图 8-6 单击鼠标作为起点

02 拖动鼠标指针到该线段的终点处单击，得到一条直线段，如图 8-7 所示。

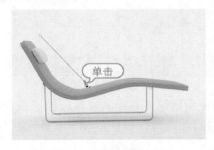

图 8-7 再次单击鼠标

03 移动鼠标指针在另一个适合的位置单击，即可继续绘制路径，得到折线路径，如图 8-8 所示。

图 8-8 继续绘制路径

04 将鼠标指针移到适当的位置，按住鼠标并拖动可以创建带有控制手柄的平滑锚点，通过鼠标拖动的方向和距离可以设置方向线的方向，如图 8-9 所示。

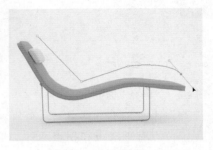

图 8-9 按住鼠标拖动

05 按住 Alt 键单击控制手柄中间的节点，可以减去一端的控制手柄，如图 8-10 所示。

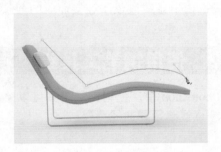

图 8-10 删除控制手柄

06 移动鼠标指针，在绘制曲线的过程中按住 Alt 键的同时拖动鼠标，即可将平滑点变为角点，如图 8-11 所示。

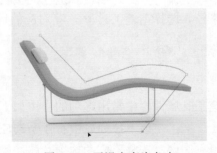

图 8-11 平滑点变为角点

07 使用相同的方法绘制曲线，绘制完成后，将光标移到路径线的起始点，当光标变成 ⬧。形状时，单击鼠标，即可完成封闭的曲线路径的绘制，如图 8-12 所示。

图 8-12　闭合路径

进阶技巧

在 Photoshop 中绘制直线段路径时，按住 Shift 键可以绘制出水平、垂直和 45°方向上的直线路径。

8.2.2　自由钢笔工具

使用自由钢笔工具可以在画面中随意绘制路径，就像使用铅笔在纸上绘图一样。在绘制过程中，自由钢笔工具将自动添加锚点，完成后还可以对路径做进一步的完善。

选择自由钢笔工具，在画面中按住鼠标左键进行拖动，即可绘制路径，如图 8-13 所示。在属性栏中选中"磁性的"复选框，可以切换为磁性钢笔工具；单击属性栏中的 ⚙ 按钮，在弹出的如图 8-14 所示的面板中可以设置"曲线拟合"以及磁性的"宽度""对比""频率"等参数，然后在图像中绘制路径，此时将沿图像颜色的边界创建路径，如图 8-15 所示。

图 8-13　绘制路径　　　　　图 8-14　设置参数　　　　　图 8-15　绘制磁性路径

- 曲线拟合：可设置最近路径对鼠标移动轨迹的相似程度，数值越小，路径上的锚点就越多，绘制出的路径形态就越精确。
- 宽度：调整路径的选择范围，数值越大，选择的范围就越大。
- 对比：可以设置磁性钢笔工具对图像中边缘的灵敏度。
- 频率：可以设置路径上使用锚点的数量，数值越大，在绘制路径时产生的锚点就越多。

8.2.3　添加锚点工具

选择工具箱中的添加锚点工具 ✎，可以直接在已绘制的路径中添加单个或多个锚点。当选择钢笔工具时，将光标放到路径上，光标将变为 ♤+ 形状，如图 8-16 所示，在该路径中单击，同样可以添加锚点，如图 8-17 所示。

图 8-16　放置光标

图 8-17　添加锚点

8.2.4　删除锚点工具

选择工具箱中的删除锚点工具 ，可以直接在路径中单击锚点将其删除。当选择钢笔工具时，将光标放到锚点上，光标将变为 形状，如图 8-18 所示，单击即可删除锚点，如图 8-19 所示。

图 8-18　放置光标

图 8-19　删除锚点

8.2.5　转换点工具

选择工具箱中的转换点工具 ，可以通过转换路径中的锚点类型来调整路径弧度。当锚点为折线角点时，使用转换点工具拖动角点，可以将其转换为平滑点，如图 8-20 所示；当锚点为平滑点时，单击该平滑点可以将其转换为角点，如图 8-21 所示。

图 8-20　转换为平滑点

图 8-21　转换为角点

8.3 编辑路径

用户在创建完路径后,有时不能达到理想状态,这时就需要对其进行编辑。路径的编辑主要包括复制与删除路径、路径与选区的互换、填充和描边路径以及在路径中输入文字等。

● 8.3.1 复制路径

在 Photoshop 中绘制一条路径后,如果还需要一条或多条相同的路径,那么可以将路径进行复制。

练习实例:复制路径	
文件路径	第 8 章 \
技术掌握	复制路径

01 选择"窗口"|"路径"命令,打开"路径"面板,选择需要复制的路径,如路径 1,如图 8-22所示。

图 8-22 选择路径

02 在路径 1 中单击鼠标右键,在弹出的快捷菜单中选择"复制路径"命令,如图 8-23 所示。

图 8-23 选择"复制路径"命令

进阶技巧

如果在"路径"面板中的路径为工作路径,在复制前需要将其拖动到"创建新路径"按钮 ⊞ 上,将其转换为普通路径。然后将转换后的路径再次拖动到"创建新路径"按钮上,即可对其进行复制。

03 在打开的"复制路径"对话框中对路径进行命名,如图 8-24 所示。

图 8-24 为路径命名

04 单击"确定"按钮,即可得到复制的路径,如图 8-25 所示。

图 8-25 复制的路径

05 选择路径 2,将其拖动到"路径"面板下方的"创建新路径"按钮上,如图 8-26 所示,也可以得到复制的路径,如图 8-27 所示。

图 8-26　选择路径并拖动

图 8-27　复制的路径

8.3.2　删除路径

当"路径"面板中存在多余的路径时，可以通过以下几种方法将其删除。

- 选择需要删除的路径，单击"路径"面板底部的"删除当前路径"按钮 🗑，在打开的提示对话框中选择"是"即可，如图 8-28 所示。
- 选择需要删除的路径，将其拖动到"路径"面板底部的"删除当前路径"按钮 🗑 上即可。
- 选择需要删除的路径，单击鼠标右键，在弹出的快捷菜单中选择"删除路径"命令即可。

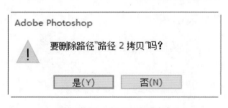

图 8-28　提示对话框

进阶技巧

在"路径"面板中双击路径名称，然后输入新的路径名称，可以对路径进行重命名。

8.3.3　将路径转换为选区

在 Photoshop 中，用户可以将路径转换为选区，也可以将选区转换为路径，从而方便用户进行绘图操作。将路径转换为选区有以下几种方式。

- 在路径中单击鼠标右键，在弹出的快捷菜单中选择"建立选区"命令，如图 8-29 所示，即可打开"建立选区"对话框，保持对话框中的默认状态，单击"确定"按钮，如图 8-30 所示，即可将路径转换为选区。
- 单击"路径"面板右上方的按钮 ▤，在弹出的菜单中选择"建立选区"命令，保持默认设置后单击"确定"按钮，即可将路径转换为选区。
- 选择路径，按 Ctrl+Enter 组合键可以快速地将路径转换为选区。
- 按住 Ctrl 键，单击"路径"面板中的路径缩览图，即可将路径转换为选区。
- 选择路径，单击"路径"面板底部的"将路径作为选区载入"按钮 ▥，即可将路径转换为选区。

图 8-29　选择"建立选区"命令

图 8-30　"建立选区"对话框

知识点滴

如果要将选区转换为路径，单击"路径"面板下方的"从选区生成工作路径"按钮 ◇，可以快速将选区转换为路径。

● 8.3.4　填充路径

用户绘制好路径后，可以为路径填充颜色。路径的填充与图像选区的填充相似，用户可以将颜色或图案填充到路径内部的区域。

练习实例：在路径中填充图案	
文件路径	第 8 章 \ 无
技术掌握	填充路径

01 打开任意一幅素材图像。绘制一条封闭的路径，然后选择该路径对象，在路径中单击鼠标右键，在弹出的快捷菜单中选择"填充路径"命令，如图 8-31 所示。

图 8-31　选择"填充路径"命令

02 在打开的"填充路径"对话框中可以设置用于填充的颜色和图案样式，例如，在"内容"下拉列表中选择"图案"选项，然后选择一个图案样式，如图 8-32 所示。

图 8-32　选择图案样式

03 单击"确定"按钮，即可将选择的图案填充到路径中，如图 8-33 所示。

图 8-33　填充图案

"填充路径"对话框中常用选项的作用如下。

- 内容：在该下拉列表中可以选择填充路径的方法。
- 模式：在该下拉列表框中可以选择填充内容的各种效果。
- 不透明度：用于设置填充图像的透明效果。
- 保留透明区域：该复选框只有在对图层进行填充时才起作用。
- 羽化半径：设置填充后的羽化效果，数值越大，羽化效果越明显。

8.3.5　描边路径

描边路径就是沿着路径的轨迹绘制或修饰图像，在"路径"面板中单击"用画笔描边路径"按钮 ◯ ，可以快速为路径描边。或者在"路径"面板中选择路径，然后单击鼠标右键，在弹出的快捷菜单中选择"描边路径"命令。

练习实例：对路径进行描边	
文件路径	第 8 章 \ 描边路径
技术掌握	描边路径

01 打开"水杯.psd"素材图像，在"路径"面板中选择工作路径，可以在画面中显示路径，如图8-34所示。

图 8-34　显示路径

02 设置前景色为白色，然后选择画笔工具，在属性栏中设置画笔样式为柔角，然后再设置大小、不透明度参数，如图 8-35 所示。

图 8-35　设置画笔工具属性栏

03 在"路径"面板中选择需要描边的路径，单击鼠标右键，在弹出的快捷菜单中选择"描边路径"命令，如图 8-36 所示。

图 8-36　选择"描边路径"命令

04 打开"描边路径"对话框，在"工具"下拉列表中选择"画笔"选项，如图 8-37 所示。

图 8-37　选择"画笔"选项

图 8-38　路径描边效果

05 单击"确定"按钮回到画面中，可以得到图像的描边效果，如图 8-38 所示。

8.4　绘制形状图形

为了方便用户绘制各种形状图形，Photoshop 提供了一些基本的图形绘制工具。形状工具组由 6 种形状工具组成，通过它们不仅可以绘制矩形、椭圆形、多边形、直线等规则的几何形状，还可以绘制自定义的形状。

● **8.4.1　矩形工具**

使用矩形工具可以绘制矩形或正方形的矢量图形。下面介绍使用矩形工具绘制形状的具体操作方法。

练习实例：绘制矩形图形	
文件路径	第 8 章 \ 绘制矩形图形
技术掌握	矩形工具

01 打开"鸽子.jpg"素材图像，然后选择矩形工具 □，在属性栏左侧单击工具模式下拉按钮，可以选择工具模式，包括"形状""路径"和"像素"，如图 8-39 所示。

图 8-40　绘制矩形路径

图 8-39　矩形工具属性栏

02 在矩形工具 □ 属性栏中选择"路径"模式，在画面中按住鼠标左键拖动即可绘制矩形路径，如图 8-40 所示。

03 设置前景色为白色，在矩形工具 □ 属性栏中选择"形状"模式，绘制的图形将以前景色填充，并会自动创建一个形状图层，如图 8-41 所示。

图 8-41　绘制矩形形状

159

04 按 Ctrl+Z 组合键撤销绘制的形状。

05 在矩形工具 □ 属性栏中选择"像素"模式，可以在同一图层绘制一个与前景色相同颜色的矩形，如图 8-42 所示。

图 8-42 绘制白色矩形

06 按 Ctrl+Z 组合键撤销绘制的白色矩形。

07 单击属性栏中的 ✿ 按钮，将打开"路径选项"面板，如图 8-43 所示，可以在该面板中对矩形工具的绘制大小和比例进行设置。

图 8-43 "路径选项"面板

08 选中"不受约束"单选按钮，可以绘制尺寸不受限制的矩形，此为默认选项；选中"方形"单选按钮，可以绘制正方形，如图 8-44 所示。

09 选中"固定大小"单选按钮，可以在 W 和 H 文本框中输入数值，然后在画面中单击，可以绘制出固定尺寸的矩形，如图 8-45 所示。

10 按 Ctrl+Z 组合键撤销绘制的固定大小的矩形。

11 选中"比例"单选按钮，可以在 W 和 H 文本框中输入数值，绘制出固定宽、高比的矩形，如图 8-46 所示。

图 8-44 绘制正方形

图 8-45 绘制固定大小的矩形

图 8-46 绘制固定比例的矩形

 知识点滴

在"路径选项"面板中选中"从中心"复选框，可以在绘制矩形时从图形的中心开始绘制，选中属性栏中的"对齐边缘"复选框，可以在绘制矩形时使边靠近像素边缘。

8.4.2　圆角矩形工具

使用圆角矩形工具可以很方便地绘制出圆角矩形。其工具属性栏与矩形工具属性栏基本相同，只是多了一个"半径"选项，用于设置所绘制矩形的四角的圆弧半径，输入的数值越小，四个角越尖锐，反之则越圆滑。

选择圆角矩形工具 ▭，在属性栏中设置"半径"参数，可以自定义圆角程度。在图像窗口中按下鼠标进行拖动，即可按指定的半径值绘制出圆角矩形效果，如图 8-47 所示。

8.4.3　椭圆工具

绘制椭圆形的方法与绘制矩形的方法一样，选择工具箱中的椭圆工具 ◯，在图像窗口中按住鼠标进行拖动，即可绘制出椭圆形或者正圆形图形，如图 8-48 所示。

图 8-47　绘制圆角矩形

图 8-48　绘制椭圆形和正圆形

8.4.4　多边形工具

使用多边形工具 ◯ 可以在图像窗口中绘制多边形和星形。下面介绍使用多边形工具绘制形状的具体操作方法。

练习实例：绘制多边形图形	
文件路径	第 8 章 \ 黄色背景
技术掌握	多边形工具

01 打开"黄色背景.jpg"素材图像。选择多边形工具，在其属性栏中设置边的数量，如设置多边形的"边"为6，然后在图像窗口中按住鼠标进行拖动，即可绘制出一个六边形，如图 8-49 所示。

图 8-49　绘制六边形

02 单击属性栏中的 ✿ 按钮，打开设置面板，在其中可以设置多边形选项，如图 8-50 所示，选中"星形"复选框，可以绘制出星形图形，如图 8-51 所示。

图 8-50　设置选项

图 8-52　绘制平滑拐角图形

图 8-51　绘制星形

03 选中"平滑拐角"复选框，可以绘制出角点圆滑的多边形，如图 8-52 所示。

04 "缩进边依据"选项可以设置产生星形边的缩进程度，如设置参数为 80%，绘制出的图像效果将如图 8-53 所示。

05 选中"平滑缩进"复选框，可以设置星形缩进的边角为圆弧形，效果如图 8-54 所示。

图 8-53　缩进边效果

图 8-54　平滑缩进效果

● **8.4.5　直线工具**

使用直线工具 ╱ 可以在图像窗口中绘制直线或者箭头图形。下面介绍使用直线工具绘制图形的具体操作方法。

练习实例：绘制各种箭头图形

文件路径	第 8 章 \ 黄色背景
技术掌握	直线工具

01 打开"黄色背景.jpg"素材图像，选择直线工具 ／，在其属性栏中设置粗细为 20，按住鼠标左键在图像中进行拖动，即可绘制出直线，如图 8-55 所示。

图 8-55　绘制直线

02 撤销绘制的直线，然后单击属性栏中的 ⚙ 按钮，在打开的直线工具设置面板中可以设置直线的箭头样式，如图 8-56 所示。

图 8-56　设置直线的各属性

03 在直线工具设置面板中选中"起点"复选框，可以在绘制线条时为线段的起点添加箭头，效果如图 8-57 所示。

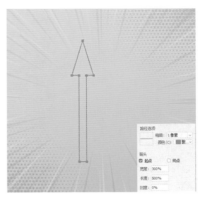

图 8-57　选中"起点"后的箭头效果

04 选中"终点"复选框，可以在绘制线段结束时添加箭头效果，如图 8-58 所示。如果将"起点"和"终点"复选框都选中，则线段两头都有箭头，如图 8-59 所示。

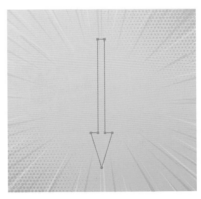

图 8-58　选中"终点"后的箭头效果

图 8-59　双向箭头

05 "宽度"选项可以设置箭头宽度和线段宽度的比值，数值越大，箭头越宽，如图 8-60 所示。

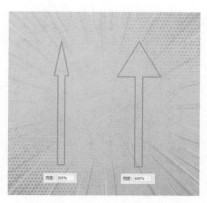

图 8-60　设置"宽度"选项

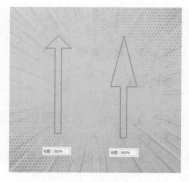

图 8-61　设置"长度"选项

06 "长度"选项可以设置箭头长度和宽度的比值，其数值越大，箭头越长，如图 8-61 所示。

07 "凹度"选项可以设置箭头凹陷度的比例值，其数值为正时箭头尾端向内凹陷，其数值为负时箭头尾端向外凸出，其数值为 0 时箭头尾端平齐，如图 8-62 所示。

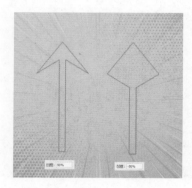

图 8-62　设置"凹度"选项

8.4.6　编辑形状

为了更好地使用创建的形状对象，可以在创建好形状图层后对其进行编辑，例如，改变其形状、重新设置其颜色，或者将其转换为普通图层等。

1. 改变形状图层的颜色

选择钢笔或形状工具后，在属性栏中选择"形状"选项，然后在绘制图形时，即可自动在"图层"面板中创建一个形状图层，并在图层缩览图中显示矢量蒙版缩略图。该矢量蒙版缩略图会显示所绘制的形状、颜色，并在缩略图右下角显示形状图标，如图 8-63 所示。双击该图标，可以在打开的"拾色器（纯色）"对话框中为形状修改颜色，如图 8-64 所示。

图 8-63　形状图层

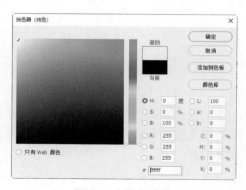

图 8-64　修改颜色

2. 栅格化形状图层

由于形状图层具有矢量特征，使得用户在该图层中无法使用对像素进行处理的各种工具，如画笔工具、渐变工具、加深工具、模糊工具等，因此要对形状图层中的图像进行处理，首先需要将形状图层转换为普通图层。

在"图层"面板中用鼠标右键单击形状图层右侧的空白处，然后在弹出的快捷菜单中选择"栅格化图层"命令，如图 8-65 所示，即可将形状图层转换为普通图层。此时，形状图层右下角的形状图标将消失，如图 8-66 所示。

图 8-65 选择"栅格化图层"命令

图 8-66 转换为普通图层

8.4.7 自定形状

在 Photoshop 中选择自定形状工具 ⧉，然后选择预设的形状，可以快速绘制一些特定形状的图形。

练习实例：绘制自定形状

文件路径	第 8 章 \ 无
技术掌握	自定形状

01 选择工具箱中的自定形状工具 ⧉，单击属性栏中"形状"右侧的按钮，即可打开"自定形状"面板，如图 8-67 所示。可以看到，在 Photoshop 2020 中新增了几组图形。

图 8-67 "自定形状"面板

02 选择"窗口"|"形状"命令，打开"形状"面板，单击面板右上方的 ≡ 按钮，在弹出的菜单中选择"旧版形状及其他"命令，如图 8-68 所示。

图 8-68 选择"旧版形状及其他"命令

03 这时在"形状"面板和"自定形状"面板中都将加载该组图形，展开图形组，可以查看并选择所需的图形，如图 8-69 所示。

图 8-69　加载所需的图形

04 选择一种形状，如图 8-70 所示，将鼠标指针移到图像窗口中按住鼠标进行拖动，即可绘制出一个矢量图形，如图 8-71 所示。

图 8-70　选择图形

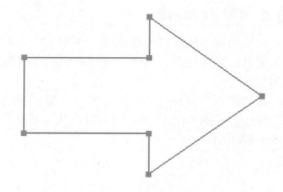

图 8-71　绘制的矢量图形

进阶技巧

当用户绘制好一个新的图形后，可以选择"编辑"|"定义自定形状"命令，打开"形状名称"对话框，在其中输入名称并确定，即可将该图形自动添加到"自定义形状"面板中，以便以后使用。

8.5　课堂案例：制作杂志封面

课堂案例：制作杂志封面	
文件路径	第 8 章 \ 杂志封面
技术掌握	钢笔工具、自定形状工具、矩形工具

案例效果

本节将应用本章所学的知识，制作杂志封面，巩固钢笔工具的应用，以及使用形状工具绘制多种图形，本案例的效果如图 8-72 所示。

图 8-72　案例效果

操作步骤

01 选择"文件"|"新建"命令，打开"新建文档"对话框，在对话框右侧设置文件名称为"美食杂志封面"、宽度为 20 厘米、高度为 20 厘米，其他参数的设置如图 8-73 所示。

02 设置前景色为灰色 (R210,G210,B210)，按 Alt+Delete 组合键填充背景色，如图 8-74 所示。

图 8-73　新建文件　　　　图 8-74　填充背景色

03 首先绘制封面图像。新建图层 1，选择矩形选

框工具 ，在画面右侧绘制一个矩形选区，为其填充白色，如图 8-75 所示。

04 设置前景色为淡绿色 (R216,G237,B222)，选择钢笔工具 ，在属性栏中选择工具模式为"形状"，然后在白色图像右下方绘制一个梯形，如图 8-76 所示。

图 8-75　绘制白色矩形　　　图 8-76　绘制梯形

05 这时"图层"面板中将自动添加一个形状图层，选择"图层"|"创建剪贴蒙版"命令，得到剪贴图层，如图 8-77 所示，淡绿色图形边缘将被隐藏起来，如图 8-78 所示。

图 8-77　剪贴图层　　图 8-78　隐藏边缘后的图形效果

06 设置前景色为草绿色 (R184,G234,B219)，选择多边形工具，在属性栏中选择工具模式为"形状"，设置"边"为 3，在图像中绘制一个三角形，放到封面右下方，如图 8-79 所示。

07 按 Alt+Ctrl+G 组合键为其创建剪贴蒙版，隐藏多余的三角形图像，如图 8-80 所示。

08 使用多边形工具，在白色封面图像中再绘制其他三角形，为其填充不同深浅的绿色，得到如图 8-81 所示的效果。

09 选择钢笔工具 ，设置工具模式为"形状"，在图像中绘制一个多边形，为其填充灰色，如图 8-82 所示。

图 8-79　绘制三角形　　　图 8-80　隐藏多余的图像

图 8-81　绘制多个图形　　　图 8-82　绘制灰色图形

10 打开"饮料"素材图像，使用移动工具将其拖曳到当前编辑的图像中，适当调整图像大小，并对其应用剪贴图层，使其覆盖灰色图形，如图 8-83 所示。

11 选择多边形工具和矩形工具，分别在画面左上方绘制两个三角形，再绘制一个矩形，然后按 Ctrl+T 组合键将其调整为倾斜状态，为其填充不同深浅的绿色，并适当调整三角形的不透明度，效果如图 8-84 所示。

12 新建一个图层，设置前景色为深绿色 (R3,G60,B90)，然后选择矩形工具，使用形状工具模式，绘制一个矩形，如图 8-85 所示。

13 在"图层"面板中适当降低图层的不透明度，使其值为 60%，得到透明矩形效果，如图 8-86 所示。

Photoshop 2020 图像处理标准教程（全彩版）

图 8-83　添加素材图像

图 8-84　绘制图形

图 8-85　绘制矩形　　　图 8-86　降低图层的不透明度

14 选择横排文字工具，在透明矩形中输入中英文格式的两行文字，在属性栏中设置字体为方正大标宋简体，将文字填充为白色，然后适当调整文字大小，如图 8-87 所示。

图 8-87　输入并设置文字

15 选择"图层"|"图层样式"|"投影"命令，打开"图层样式"对话框，设置投影颜色为黑色，其他参数的设置如图 8-88 所示。进行确定后，得到文字的投影效果如图 8-89 所示。

图 8-88　设置投影参数　　　图 8-89　文字的投影效果

16 继续在封面中添加文字内容，分别填充为白色和绿色 (R16,G123,B129)，设置字体为方正大标宋简体，效果如图 8-90 所示。

图 8-90　输入并设置其他文字

17 选择封面上方的文字，在"图层"面板中降低其不透明度，使其值为 30%，效果如图 8-91 所示。

图 8-91　降低文字的不透明度

18 选择自定形状工具，在属性栏的"自定形状"
面板中选择"箭头6"图形，如图8-92所示。在透
明矩形中绘制出白色箭头图形，如图8-93所示。

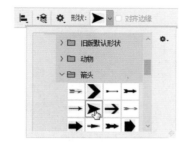

图 8-92 选择图形

图 8-93 绘制白色箭头

19 接下来制作封底图像，选择图层1，按Ctrl+J
组合键复制一次图层，将得到的白色矩形向左侧移
动，如图8-94所示。

图 8-94 复制并向左侧移动图层

20 选择部分封面图像中的三角形和多边形图形，
将其复制到封底图像中，并按Alt+Ctrl+G组合键为
其创建剪贴蒙版，效果如图8-95所示。

21 选择横排文字工具，在封底图像中输入文字，
在属性栏中设置字体为方正大标宋简体，为其填充
灰色，如图8-96所示。

图 8-95 复制三角形和多边形

图 8-96 输入并设置文字

22 按住Ctrl键选择所有封面图像的所在图层，然
后按Ctrl+E组合键合并所选图层，将合并图层命
名为"封面"；再选择封底图像的所在图层，按
Ctrl+G组合键得到图层组，将其命名为"封底"，
并隐藏封底图层组的显示，如图8-97所示。

23 选择"封面"图层组，按Ctrl+E组合键合并图
层，再按Ctrl键载入该图像选区。然后创建一个新
的图层，选择渐变工具，设置颜色为黑白灰渐变色，
对选区进行线性渐变填充，效果如图8-98所示。

图 8-97 合并图层 图 8-98 对选区进行渐变填充

24 在"图层"面板中设置该图层的混合模式为"正片叠底"，不透明度为25%，图像效果如图8-99所示。

25 双击"封面"图层，打开"图层样式"对话框，选择"投影"样式，设置投影颜色为黑色，其他参数的设置如图8-100所示。

Ctrl+T组合键适当旋转图像，然后对图像进行复制，完成本案例的制作，效果如图8-101所示。

图 8-99　图像效果　　　图 8-100　设置投影参数

26 单击"确定"按钮，得到投影效果，再按

图 8-101　图像效果

8.6　高手解答

问：路径中的锚点是什么？有什么作用？

答：锚点由空心小方格表示，位于路径中每条线段的两端，黑色实心的小方格表示当前选择的定位点。定位点有平滑点和拐点两种，平滑点是平滑连接两条线段的定位点；拐点是非平滑连接两条线段的定位点。

问：如何对路径进行描边？

答：绘制好路径后，在"路径"面板中单击"用画笔描边路径"按钮，可以快速为路径描边。

问：如何将路径转换为选区？

答：将路径转换为选区有如下几种方式。

01 在路径中单击鼠标右键，在弹出的快捷菜单中选择"建立选区"命令，打开"建立选区"对话框，保持对话框中的默认状态，单击"确定"按钮，即可将路径转换为选区。

02 单击"路径"面板右上方的按钮 ，在弹出的菜单中选择"建立选区"命令，保持默认设置后单击"确定"按钮，即可将路径转换为选区。

03 选择路径，按 Ctrl+Enter 组合键可以快速将路径转换为选区。

04 按住 Ctrl 键，单击"路径"面板中的路径缩览图，即可将路径转换为选区。

05 选择路径后，单击"路径"面板底部的"将路径作为选区载入"按钮，即可将路径转换为选区。

第9章 图层的基本应用

　　Photoshop 中的图层是非常重要的一个功能，运用图层功能可以对图像进行分层管理，从而更快、更方便地绘制和处理图像。本章将详细介绍图层的基本应用，包括图层的概念，"图层"面板，图层的创建、复制、删除、选择，以及图层的排序、对齐与分布等操作。

练习实例：创建填充或调整图层　　　　练习实例：通过多种方法合并图层
练习实例：通过多种方法复制图层　　　　练习实例：在图层组中调整图层
练习实例：查找和隔离图层　　　　　　　课堂案例：合成图像

9.1　认识图层

　　图层是 Photoshop 的核心功能之一，用户可以通过它随心所欲地对图像进行编辑和修饰。可以说，如果没有图层功能，设计人员将很难通过 Photoshop 制作出优秀的作品。

● 9.1.1　什么是图层

　　图层是图像的载体，用来装载各种各样的图像。在 Photoshop 中，一个图像通常由若干个图层组成，如果没有图层，就没有图像存在。例如，新建一个图像文档时，系统会自动在新建的图像窗口中生成一个背景图层，用户可以通过绘图工具在该图层上进行绘图。图 9-1 所示的图像便是由如图 9-2、图 9-3 和图 9-4 所示的 3 个图层中的图像组成的。

   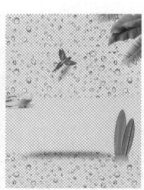

图 9-1　图像效果　　　　图 9-2　背景图像　　　　图 9-3　文字图像　　　　图 9-4　其他图像

● 9.1.2　"图层"面板

　　"图层"面板用于创建、编辑和管理图层，还用于设置图层混合模式，以及添加图层样式等。

　　选择"文件"|"打开"命令，打开"瓷器.psd"素材文件，如图 9-5 所示。可以在"图层"面板中查看到该图像的图层，如图 9-6 所示。

图 9-5　合成图像

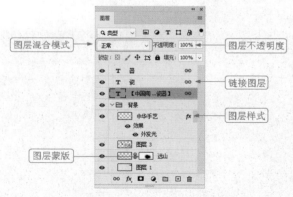

图 9-6　"图层"面板

"图层"面板中主要选项的作用如下。

- 锁定：用于设置图层的锁定方式，其中有"锁定透明像素"按钮 ▨、"锁定图像像素"按钮 ◢、"锁定位置"按钮 ✛、"防止在画板和画框内外自动嵌套"按钮 ⊡ 和"锁定全部"按钮 🔒。
- 填充：用于设置图层填充的不透明度。
- 链接图层 🔗：选择两个或两个以上的图层，再单击该按钮，可以链接图层，可以对链接的图层同时进行各种变换操作。
- 图层样式 fx：单击该按钮，可在弹出的菜单中选择相应的命令来添加图层样式。
- 图层蒙版 ▢：单击该按钮，可以为图层添加蒙版。
- 创建新的填充和调整图层 ◕：在弹出的菜单中选择相应的命令来创建新的填充和调整图层，可以调整当前图层下所有图层的色调效果。
- 创建新组 ▢：单击该按钮，可以创建新的图层组。可以将多个图层放置在一起，方便用户进行查找和编辑操作。
- 创建新图层 ⊡：单击该按钮可以创建一个新的空白图层。
- 删除图层 🗑：用于删除当前选择的图层。

在"图层"面板中可以调整图层缩览图的大小。单击面板右侧的三角形按钮，在弹出的菜单中选择"面板选项"命令，可以打开"图层面板选项"对话框，在其中可以对外观进行设置，如图 9-7 所示。选择一种预览样式（如选择最大缩览图和"图层边界"选项，如图 9-8 所示），然后单击"确定"按钮，可以得到调整图层缩览图大小和显示方式后的效果，如图 9-9 所示。

 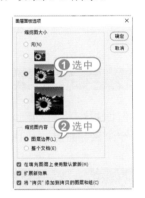 

图 9-7　"图层面板选项"对话框　　图 9-8　设置图层面板选项　　图 9-9　调整后的"图层"面板

9.2　新建图层

新建图层通常是指在"图层"面板中创建一个新的空白图层，新建的图层位于所选择图层的上方。创建图层之前，首先要新建或打开一个图像文档，然后可以通过"图层"面板快速创建新图层，也可以通过菜单命令来创建新图层。

9.2.1　创建新图层

单击"图层"面板底部的"创建新图层"按钮 ⊡，可以快速创建一个具有默认名称的新图层。图层的默认名称依次为"图层 1""图层 2""图层 3"，等等。由于新建的图层没有像素，所以呈透明显示。

用户还可以通过菜单命令创建图层，不但可以定义图层在"图层"面板中的显示颜色，还可以定义图层的混合模式、不透明度和名称。选择"图层"|"新建"|"图层"命令，或者按 Ctrl+Shift+N 组合键，打开"新建图层"对话框，在其中可以设置图层名称和其他选项，如图 9-10 所示。单击"确定"按钮，即可创建一个指定的新图层，如图 9-11 所示。

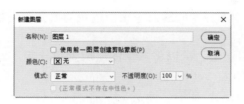

图 9-10 "新建图层"对话框

图 9-11 创建新图层

"新建图层"对话框中主要选项的作用如下。

- 名称：用于设置新建图层的名称，以方便用户查找图层。
- 使用前一图层创建剪贴蒙版：选中该复选框，可以将新建的图层与前一图层进行编组，形成剪贴蒙版。
- 颜色：用于设置"图层"面板中的显示颜色。
- 模式：用于设置新建图层的混合模式。
- 不透明度：用于设置新建图层的透明程度。

9.2.2 创建文字图层

当用户在图像中输入文字后，"图层"面板中将自动新建一个相应的文字图层。选择任意一种文字工具，在图像中单击并输入文字，即可得到一个文字图层，如图 9-12 所示。

9.2.3 创建形状图层

在工具箱中选择某一个形状工具，在属性栏左侧的"工具模式"中选择"形状"选项，然后在图像中绘制形状，这时"图层"面板中将自动创建一个形状图层，图 9-13 所示为使用椭圆工具绘制图形后创建的形状图层。

图 9-12 文字图层

图 9-13 形状图层

在 Photoshop 中，还可以为图像创建新的填充或调整图层。填充图层在创建后就已经填充了颜色或图案；而调整图层的作用则与"调整"命令相似，主要用来整体调整所有图层的色彩和色调。

练习实例：创建填充或调整图层	
文件路径	第 9 章 \ 创建填充或调整图层
技术掌握	创建填充或调整图层

01 打开"海边.jpg"素材图像，然后选择"图层"|"新建调整图层"|"曲线"命令，打开"新建图层"对话框，如图 9-14 所示。

图 9-14　新建调整图层

02 单击"确定"按钮，将切换到"属性"面板中，在曲线中间调中添加节点，如图 9-15 所示。在"图层"面板中将自动创建一个新的调整图层，如图 9-16 所示。

图 9-15　"属性"面板　　图 9-16　新建的调整图层

03 在"图层"面板下方单击"创建新的填充或调整图层"按钮，在弹出的菜单中选择一个调整图层命令（如选择"纯色"命令），如图 9-17所示。

04 在打开的"拾色器（纯色）"对话框中设置颜色为土黄色（R140,G95,B52），如图 9-18 所示。

图 9-17　选择"纯色"　　图 9-18　"拾色器（纯色）"
　　　　　命令　　　　　　　　　　对话框

05 单击"确定"按钮，即可在当前图层的上一层创建一个"颜色填充"图层，然后设置该图层的不透明度为 70%，如图 9-19 所示。

图 9-19　创建填充图层

06 在"图层"面板中设置图层的混合模式为"叠加"，得到的图像效果如图 9-20 所示。

图 9-20　图像效果

9.3 编辑图层

在"图层"面板中创建图层或图层组后，用户可以对图层进行复制、删除、链接和合并等操作，从而制作出复杂的图像效果。

● 9.3.1 复制图层

复制图层就是为一个已存在的图层创建图层副本，从而得到一个相同的图像，用户可以对图层副本进行相关操作。

练习实例：通过多种方法复制图层	
文件路径	无
技术掌握	复制图层

01 打开任意一幅素材图像。

02 选择"图层"|"复制图层"命令，打开"复制图层"对话框，如图 9-21 所示。保持对话框中的默认设置，单击"确定"按钮，即可得到复制的图层"背景 拷贝"，如图 9-22 所示。

图 9-21 "复制图层"对话框

图 9-22 复制的图层

03 在"图层"面板中选择"背景 拷贝"图层，按

住鼠标左键将其直接拖动到下方的"创建新图层"按钮 上，如图 9-23 所示，即可直接复制图层，如图 9-24 所示。

图 9-23 拖动图层　　　图 9-24 直接复制图层

进阶技巧

选择移动工具 ⊕，将鼠标指针放到需要复制的图像中，当鼠标指针变成双箭头状态时，按住 Alt 键进行拖动，即可移动复制的图像，同时得到复制的图层。

● 9.3.2 删除图层

对于不需要的图层，用户可以使用菜单命令进行删除，或通过"图层"面板进行删除，删除图层后该图层中的图像也将被删除。

1.通过菜单命令删除图层

在"图层"面板中选择要删除的图层，然后选择"图层"|"删除"|"图层"命令，即可删除所选中的图层。

2. 通过"图层"面板删除图层

在"图层"面板中选择要删除的图层，然后单击"图层"面板底部的"删除图层"按钮 🗑，即可删除所选择的图层。

3. 通过键盘删除图层

在"图层"面板中选择要删除的图层，然后按 Delete 键，即可删除所选择的图层。

9.3.3 隐藏与显示图层

当一幅图像有较多的图层时，为了便于操作可以将其中暂时不需要显示的图层进行隐藏。图层缩览图前面的眼睛图标用于控制图层的显示和隐藏，有该图标的图层为可见图层，如图 9-25 所示。单击图层前面的眼睛图标，可以隐藏该图层，如图 9-26 所示。如果要重新显示图层，只需在原眼睛图标处单击鼠标即可。

图 9-25　显示图层

图 9-26　隐藏图层

隐藏和显示图层还有如下几种方式。

- 按住 Alt 键，单击图层前的眼睛图标，可以隐藏除该图层外的所有图层；按住 Alt 键，再次单击同一眼睛图标，可以显示其他图层。
- 选择"图层"|"隐藏图层"命令，即可隐藏当前所选择的图层；选择"图层"|"显示图层"命令，即可显示被隐藏的图层。
- 按住鼠标左键在眼睛图标列拖动，可以快速隐藏或显示多个相邻的图层。

9.3.4 查找和隔离图层

当"图层"面板中的图层较多时，若想要快速找到某一个图层，可以使用查找图层功能。而隔离图层就是在"图层"面板中只显示某种类型的图层，如效果、模式和颜色等。

练习实例：查找和隔离图层	
文件路径	第 9 章 \ 查找和隔离图层
技术掌握	查找和隔离图层

01 打开"淘宝促销.psd"素材图像，在"图层"面板中可以看到该文件包含了多个图层，如图 9-27 所示。

图 9-27　素材图像

02 选择"选择"|"查找图层"命令，在"图层"面板顶部将会自动显示"名称"栏，而右侧将出现一个文本框，在其中输入需要查找的图层名称，面板中则仅显示该图层，如图 9-28 所示。

图 9-28　查找到的图层

03 选择"选择"|"隔离图层"命令，然后在"图层"面板顶部选择需要隔离的图层类型，如选择"颜色"，如图 9-29 所示。

04 在颜色右侧的下拉列表中选择"红色"，即可得到只有红色标记的图层，如图 9-30 所示。

图 9-29　选择隔离类型　　图 9-30　隔离的颜色图层

 进阶技巧

隔离某些图层后，可以通过单击"图层"面板右上方的"打开或关闭图层过滤"按钮，显示面板中的所有图层。

9.3.5　链接图层

图层的链接是指将多个图层链接成一组，可以对链接的图层进行移动、变换等操作，还可以同时将链接在一起的多个图层复制到另一个图像窗口中。

单击"图层"面板底部的"链接图层"按钮，即可将选择的图层链接在一起。例如，选择如图 9-31 所示的 3 个图层，单击"图层"面板底部的"链接图层"按钮 后，即可将选择的这 3 个图层链接在一起，同时在链接图层的右侧会出现链接图标，如图 9-32 所示。

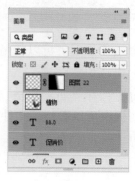 

图 9-31　选择多个图层　　图 9-32　链接图层

合并图层是指将几个图层合并成一个图层，这样做不仅可以减小文件大小，还可以方便用户对合并后的图层进行编辑。

合并图层有以下几种常用方法。

- 向下合并图层：将当前图层与它底部的第一个图层进行合并。
- 合并可见图层：将当前所有的可见图层合并成一个图层。
- 拼合图像：将所有可见图层进行合并，而隐藏的图层将被丢弃。
- 盖印图层：盖印是一种比较特殊的图层合并方式，它可以将多个图层中的图像合并到一起，生成一个新的图层，但被合并的图像的图层依然存在。

练习实例：通过多种方法合并图层	
文件路径	第 9 章 \ 合并图层
技术掌握	合并图层

01 打开"几何图形.psd"素材图像，在"图层"面板中可以看到该图像所包含的图层，如图 9-33 所示。

02 选择"图层 3"，然后选择"图层"|"向下合并"命令，或按 Ctrl+E 组合键，即可将"图层 3"图层中的图像向下合并到"图层 2"图层中，如图 9-34 所示。

图 9-33 合并前的图层　　图 9-34 合并后的图层

03 按 Ctrl+Z 组合键撤销合并图层的操作，然后关闭图层 2 前面的眼睛图标，隐藏该图层，如图 9-35 所示。

04 选择"图层"|"合并可见图层"命令，即可将图层 2 以外的图层合并，如图 9-36 所示。

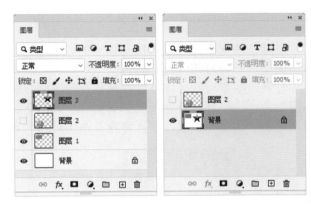

图 9-35 隐藏图层　　　图 9-36 合并可见图层

05 按 Ctrl+Z 组合键撤销合并可见图层的操作，同样隐藏图层 2，选择"图层"|"拼合图像"命令，将弹出一个提示对话框，如图 9-37 所示。

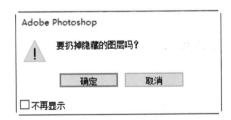

图 9-37 提示对话框

06 单击"确定"按钮，即可得到拼合图像后的图层效果，如图 9-38 所示。可以看到，拼合后的图层扔掉了隐藏的图层。

07 按 Ctrl+Z 组合键撤销拼合图像的操作，然后显示图层 2。

08 选择图层 3，然后按 Ctrl+Shift+Alt+E 组合键，得到新生成的盖印图层，如图 9-39 所示。

第 9 章 图层的基本应用

图 9-38　拼合后的图层　　图 9-39　盖印图层

进阶技巧

　　选择多个图层，按 Ctrl+Shift+Alt+E 组合键，可以将所选的图层盖印到一个新图层中，而原图层内容则保持不变。

9.3.7　背景图层与普通图层的转换

　　在默认情况下，背景图层是锁定的，不能进行移动和变换操作，用户可以根据需要将背景图层转换为普通图层，然后对图像进行编辑。

　　打开一幅素材图像，可以看到其背景图层为锁定状态，如图 9-40 所示。选择"图层"|"新建"|"背景图层"命令，打开"新建图层"对话框，其默认的名称为"图层 0"，如图 9-41 所示。设置图层的各选项后，单击"确定"按钮，即可将背景图层转换为普通图层，如图 9-42 所示。

图 9-40　背景图层　　　　　图 9-41　"新建图层"对话框　　　　图 9-42　转换后的图层

进阶技巧

　　在"图层"面板中双击背景图层，同样可以打开"新建图层"对话框，设置选项后，单击"确定"按钮，即可将背景图层转换为普通图层。

9.4　排列与分布图层

　　在"图层"面板中，图层是按照创建的先后顺序排列的，用户可以重新调整图层的顺序，也可以对多个图层进行对齐，或按照相同的间距进行分布。

9.4.1　调整图层的顺序

　　当图像中含有多个图层时，默认情况下，Photoshop 会按照一定的先后顺序来排列图层。用户可以通过调整图层的排列顺序，制作出不同的图像效果。

选择需要调整的图层，将所选的图层向上或向下拖动即可调整图层的排列顺序。例如，将图 9-43 所示的"文案"图层拖动到"价格"图层的下方，如图 9-44 所示。

图 9-43　拖动图层　　图 9-44　调整后的顺序

9.4.2　对齐图层

对齐图层是指将选择或链接后的多个图层按一定的方式对齐。选择"图层"|"对齐"命令，再在其子菜单中选择所需的子命令，即可将选择或链接后的图层按相应的方式对齐，如图 9-45 所示。

打开"水晶图标.psd"素材文件，其效果和图层分别如图 9-46 和 9-47 所示。下面以该图像为例分别介绍图层的各种对齐效果。

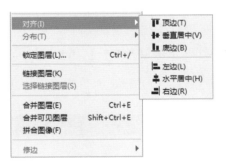  

图 9-45　选择"对齐"命令　　　　图 9-46　素材图像　　　　图 9-47　选择图层

- 选择"图层"|"对齐"|"顶边"命令，将选定图层上的顶端像素与所有选定图层上最顶端的像素对齐，或与选区边框的顶边对齐，效果如图 9-48 所示。
- 选择"图层"|"对齐"|"垂直居中"命令，将每个选定图层上的垂直中心像素与所有选定图层的垂直中心像素对齐，或与选区边框的垂直中心对齐，效果如图 9-49 所示。
- 选择"图层"|"对齐"|"底边"命令，将选定图层上的底端像素与选定图层上最底端的像素对齐，或与选区边界的底边对齐，效果如图 9-50 所示。

图 9-48　顶边对齐　　　　　　图 9-49　垂直居中对齐　　　　　图 9-50　底边对齐

- 选择"图层"|"对齐"|"左边"命令，将选定图层上的左端像素与所有选定图层上的最左端像素对齐，

或与选区边界的左边对齐，效果如图 9-51 所示。

🔘 选择"图层"|"对齐"|"水平居中"命令，将选定图层上的水平中心像素与所有选定图层的水平中心像素对齐，或与选区边界的水平中心对齐，效果如图 9-52 所示。

🔘 选择"图层"|"对齐"|"右边"命令，将选定图层上的右端像素与所有选定图层上的最右端像素对齐，或与选区边界的右边对齐，效果如图 9-53 所示。

图 9-51　左边对齐　　　　图 9-52　水平居中对齐　　　　图 9-53　右边对齐

 知识点滴

选择多个图层，然后选择移动工具 ✛，属性栏中将出现各种对齐按钮 ⮜ ⮞ ⮝ ⮟ ⮙ ⮛，单击其中的按钮可以得到相应的效果。

9.4.3　分布图层

图层的分布是指将 3 个或更多的图层按一定规律在图像窗口中进行分布。选择多个图层后，选择"图层"|"分布"命令，然后在其子菜单中选择所需的子命令，即可按指定的方式分布所选择的图层，如图 9-54 所示。

图 9-54　"分布"子菜单

🔘 顶边：从每个图层的顶端像素开始，间隔均匀地分布图层。

🔘 垂直居中：从每个图层的垂直中心像素开始，间隔均匀地分布图层。

🔘 底边：从每个图层的底端像素开始，间隔均匀地分布图层。

🔘 左边：从每个图层的左端像素开始，间隔均匀地分布图层。

🔘 水平居中：从每个图层的水平中心开始，间隔均匀地分布图层。

🔘 右边：从每个图层的右端像素开始，间隔均匀地分布图层。

 知识点滴

选择移动工具 ✛，单击属性栏中的"对齐并分布"按钮 ⋯，在弹出的面板中单击分布组按钮，可以对图层进行分布，从左至右的按钮分别表示按顶分布、垂直居中分布、按底分布、按左分布、水平居中分布和按右分布。

9.5 管理图层

在编辑复杂的图像时，使用的图层会越来越多，这时就可以通过图层组进行管理，这样能够更方便地控制和编辑图层。

9.5.1 创建图层组

当"图层"面板中的图层过多时，可以创建不同的图层组，这样就能快速找到需要的图层。在Photoshop中创建图层组的方法有如下 3 种。

☝选择"图层"|"新建"|"组"命令，打开"新建组"对话框。在其中可以对组的名称、颜色、模式和不透明度进行设置，如图 9-55 所示，单击"确定"按钮，即可得到新建的图层组。

☝在"图层"面板中，选择需要添加到组中的图层，如图 9-56 所示。使用鼠标将它们拖动到"创建新组"按钮上，即可看到所选的图层都被存放在了新建的组中，如图 9-57 所示。

图 9-55　"新建组"对话框

图 9-56　选择图层组　　图 9-57　图层组中包含了新建的图层

☝在"图层"面板中选择需要添加到组中的图层，如图 9-58 所示，然后选择"图层"|"新建"|"从图层新建组"命令，打开"从图层新建组"对话框，如图 9-59 所示。在该对话框中设置相应的选项后单击"确定"按钮，即可看到所选的图层被存放在了新建的组中，如图 9-60 所示。

图 9-58　选择图层　　　　图 9-59　"从图层新建组"对话框　　　图 9-60　新建的组

9.5.2 编辑图层组

对多个图层进行编组后，为了方便以后的运用，还经常会在其中增加、删除图层，或取消图层组等。

练习实例：在图层组中调整图层

文件路径	第9章\编辑图层组
技术掌握	编辑图层组

01 打开有多个图层的"瓷器.psd"素材图像，按住 Ctrl 键选择需要编组的图层，例如，所有的文字图层，如图 9-61 所示。

02 选择"图层"|"图层编组"命令，或按 Ctrl+G 组合键可以得到图层编组，如图 9-62 所示。

图 9-61　选择图层　　　图 9-62　为图层编组

03 编组后的图层为闭合状态。单击组前面的图标 >，即可将其展开，如图 9-63 所示。

04 对于图层组中的图层，同样可以应用图层样式、改变图层属性等。如果要添加新的图层到图层组中，可以选择该图层组，直接新建图层，如图 9-64 所示。

图 9-63　展开图层组　　　图 9-64　新建图层

05 如果要将已经存在的图层添加到该图层组中，可以直接选择该图层，按住鼠标左键将其拖动到图层组中，如图 9-65 和图 9-66 所示。

图 9-65　拖动图层　　　图 9-66　添加到图层组

06 如果要取消图层编组，可以选择该图层组，选择"图层"|"取消图层编组"命令，或在该图层组中单击鼠标右键，从弹出的快捷菜单中选择"取消图层编组"命令，即可取消图层编组，但图层依然存在，如图 9-67 所示。

图 9-67　取消图层编组

 知识点滴

要删除图层组，可以直接将该图层组拖动到"图层"面板底部的"删除图层"按钮中。

9.6 课堂案例：合成图像

课堂案例：合成图像	
文件路径	第 9 章\合成图像
技术掌握	创建新图层、盖印图层

案例效果

本节将应用本章所学的知识，制作火焰相框的合成图像，巩固图层中的各种基本操作，本案例的效果如图 9-68 所示。

图 9-68　案例效果

操作步骤

01 打开"火焰.jpg"和"飞鸟.psd"素材图像，分别如图 9-69 和图 9-70 所示。

图 9-69　火焰图像　　　图 9-70　飞鸟图像

02 在"飞鸟"图像的"图层"面板中选择图层 1，按 Ctrl+C 组合键复制飞鸟图像。

03 选择"火焰"图像，按 Ctrl+V 组合键粘贴飞鸟图像到火焰图像中，并放在火焰图像中间，"图层"面板中将自动生成一个新图层，如图 9-71 所示。

图 9-71　生成新图层

04 单击"图层"面板底部的"创建新图层"按钮 ⊞，创建一个新的图层。

05 选择矩形选框工具，在图像中绘制一个矩形选区。选择"编辑"|"描边"命令，打开"描边"对话框，在其中设置描边宽度为 5、颜色为白色，其他参数的设置如图 9-72 所示。单击"确定"按钮，所得到的选区描边效果如图 9-73 所示。

图 9-72　描边参数的设置

图 9-73　选区描边效果

185

06 按 Ctrl+Shift+Alt+E 组合键盖印图层，得到一个飞鸟和火焰一起的图像图层，如图 9-74 所示。

07 选择"图层"|"新建调整图层"|"曲线"命令，在打开的对话框中默认各参数的设置，单击"确定"按钮，进入"属性"面板，调整曲线，增加图像亮度和对比度，如图 9-75 所示。

08 这时"图层"面板中将得到一个调整图层，如图 9-76 所示，调整后的图像效果如图 9-77 所示。至此，已完成本案例的制作。

图 9-74　盖印图层

图 9-75　调整曲线

图 9-76　调整图层

图 9-77　图像效果

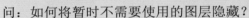

9.7　高手解答

问：如何将暂时不需要使用的图层隐藏？

答：在"图层"面板中单击图层前面的眼睛图标，可以将对应的图层隐藏。

问：如何快速将多个图层按照特定的方式对齐？

答：选择需要对齐的多个图层，然后选择"图层"|"对齐"命令，再在其子菜单中选择所需的子命令，即可将所选择的图层按相应的方式对齐。

问：如何将背景图层转换为普通图层？

答：选择背景图层，然后选择"图层"|"新建"|"背景图层"命令，打开"新建图层"对话框，其默认的名称为"图层 0"，根据需要设置好图层的各选项后，单击"确定"按钮，即可将背景图层转换为普通图层。

问：图层链接的作用是什么？

答：图层的链接是指将多个图层链接成一组，可以对链接的图层进行移动、变换等操作，还能将链接在一起的多个图层同时复制到另一个图像窗口中。

第10章 图层混合与图层样式

本章将学习图层混合模式和图层样式的应用，通过改变图层的不透明度和混合模式可以创建各种特殊效果；使用图层样式可以创建图像的投影、外发光、浮雕等特殊效果，再结合曲线的调整，可以使图像产生更多变化。

练习实例：为图像添加外发光效果　　　练习实例：复制和删除文字图层样式
练习实例：快速绘制玻璃按钮　　　　　课堂案例：制作比赛海报

10.1　图层的不透明度与混合模式

　　图层的不透明度和混合模式在图像处理过程中起着非常重要的作用，在编辑图像时，通过改变图层的不透明度和混合模式可以创建各种特殊效果，从而生成新的图像效果。

● 10.1.1　设置图层的不透明度

　　在"图层"面板中可以设置该图层上图像的透明程度，通过设置图层的不透明度可以使图层产生透明或半透明效果。

　　打开"标题.psd"素材图像，在"图层"面板中可以看到该图像被分为多个图层，如图 10-1 所示。选择"蓝天白云"图层，在"图层"面板的"不透明度"后面的数值框中可以输入参数，在此输入的参数为40%，效果如图 10-2 所示。

图 10-1　素材图像

图 10-2　调整不透明度参数

知识点滴

　　当图层的不透明度小于 100% 时，将显示该图层下面的图像，该值越小，图像就越透明；当该值为 0% 时，该图层将不会显示，完全显示下一层图像的内容。

● 10.1.2　设置图层的混合模式

　　在 Photoshop 中提供了 27 种图层混合模式，主要用来设置图层中的图像与下面图层中的图像像素进行色彩混合的方法。因为设置了不同的混合模式，所产生的效果也不同。

　　Photoshop 提供的图层混合模式都包含在"图层"面板中的 正常 下拉列表框中，单击其右侧的 按钮，在弹出的混合模式列表框中可以选择需要的模式，如图 10-3 所示。

图 10-3　图层的混合模式

下面通过图 10-4 所示的分层图像，讲解各图层混合模式所产生的效果。

- 正常模式：这是系统默认的图层混合模式，也就是图像原始状态，如图 10-5 所示，当图层的不透明度为 100% 时，完全遮盖下面的图像，降低不透明度可以与下一层图层混合。
- 溶解模式：该模式会随机消失部分图像的像素，在消失的部分可以显示下一层图像，从而形成两个图层交融的效果，可配合不透明度来使溶解效果更加明显。例如，使用图层溶解模式，并设置图层 1 的不透明度为 60%，如图 10-6 所示，其效果如图 10-7 所示。

图 10-4　原图　　　　图 10-5　正常模式　　　　图 10-6　溶解模式　　　　图 10-7　溶解效果

- 变暗模式：该模式将查看每个通道中的颜色信息，并将当前图层中较暗的色彩调整得更暗，较亮的色彩变得更透明，效果如图 10-8 所示。
- 正片叠底模式：该模式可以产生比当前图层和底层颜色更暗的颜色，效果如图 10-9 所示。任何颜色与黑色混合将产生黑色，与白色混合将保持不变。当用户使用黑色或白色以外的颜色绘画时，绘图工具绘制的连续描边将产生逐渐变暗的颜色。
- 颜色加深模式：该模式将增强当前图层与下面图层之间的对比度，使图层的亮度降低、色彩加深，与白色混合后不产生变化，效果如图 10-10 所示。
- 线性加深模式：该模式可以查看每个通道中的颜色信息，并通过减小亮度使基色变暗以反映混合色。与白色混合后不产生变化，效果如图 10-11 所示。

图 10-8　变暗效果　　　　图 10-9　正片叠底效果　　　　图 10-10　颜色加深效果　　　　图 10-11　线性加深效果

- 深色模式：该模式将当前图层和底层颜色做比较，并将两个图层中相对较暗的像素创建为结果色，效果如图 10-12 所示。
- 变亮模式：该模式与"变暗"模式的效果相反，选择基色或混合色中较亮的颜色作为结果色。比混合色暗的像素被替换，比混合色亮的像素保持不变，效果如图 10-13 所示。

- 滤色模式：该模式和"正片叠底"模式正好相反，结果色总是较亮的颜色，并具有漂白的效果，如图 10-14 所示。
- 颜色减淡模式：该模式将通过减小对比度来提高混合后图像的亮度，与黑色混合不发生变化，效果如图 10-15 所示。

图 10-12　深色效果　　　　图 10-13　变亮效果　　　　图 10-14　滤色效果　　　　图 10-15　颜色减淡效果

- 线性减淡（添加）模式：该模式查看每个通道中的颜色信息，并通过增加亮度使基色变亮以反映混合色。与黑色混合则不发生变化，效果如图 10-16 所示。
- 浅色模式：该模式与"深色"模式相反，将当前图层和底层的颜色相比较，将两个图层中相对较亮的像素创建为结果色，效果如图 10-17 所示。
- 叠加模式：该模式用于混合或过滤颜色，最终效果取决于基色。图案或颜色在现有像素上叠加，同时保留基色的明暗对比。不替换基色，但基色会与混合色相混以反映原色的亮度或暗度，效果如图 10-18 所示。
- 柔光模式：该模式将产生一种柔和光线照射的效果，高亮度的区域更亮，暗调区域更暗，使反差增大，效果如图 10-19 所示。

图 10-16　线性减淡（添加）效果　　图 10-17　浅色效果　　　　图 10-18　叠加效果　　　　图 10-19　柔光效果

- 强光模式：该模式将产生一种强烈光线照射的效果，它根据当前图层的颜色使底层的颜色更为浓重或更为浅淡，这取决于当前图层上颜色的亮度，效果如图 10-20 所示。
- 亮光模式：该模式是通过增加或减小对比度来加深或减淡颜色，具体取决于混合色。如果混合色（光源）比 50% 灰色亮，则通过减小对比度使图像变亮；如果混合色比 50% 灰色暗，则通过增加对比度使图像变暗，效果如图 10-21 所示。
- 线性光模式：该模式是通过增加或减小底层的亮度来加深或减淡颜色，具体取决于当前图层的颜色，如果当前图层的颜色比 50% 灰色亮，则通过增加亮度使图像变亮；如果当前图层的颜色比 50% 灰色暗，则通过减小亮度使图像变暗，效果如图 10-22 所示。

- 点光模式：该模式根据当前图层与下层图层的混合色来替换部分较暗或较亮像素的颜色，效果如图 10-23 所示。

图 10-20　强光效果　　　　图 10-21　亮光效果　　　　图 10-22　线性光效果　　　　图 10-23　点光效果

- 实色混合模式：该模式取消了中间色的效果，混合的结果由底层颜色与当前图层的亮度决定，效果如图 10-24 所示。
- 差值模式：该模式根据图层颜色的亮度对比进行相加或相减，与白色混合进行颜色反相，与黑色混合则不产生变化，效果如图 10-25 所示。
- 排除模式：该模式将创建一种与差值模式相似但对比度更低的效果，与白色混合会使底层颜色产生相反的效果，与黑色混合则不产生变化，效果如图 10-26 所示。
- 减去模式：该模式从基色中减去混合色。在 8 位和 16 位图像中，任何生成的负片值都会剪切为 0，效果如图 10-27 所示。

图 10-24　实色混合效果　　　　图 10-25　差值效果　　　　图 10-26　排除效果　　　　图 10-27　减去效果

- 划分模式：该模式通过查看每个通道中的颜色信息，从基色中分割出混合色，效果如图 10-28 所示。
- 色相模式：该模式是用基色的亮度和饱和度以及混合色的色相创建结果色，效果如图 10-29 所示。
- 饱和度模式：该模式是用底层颜色的亮度和色相以及当前图层颜色的饱和度创建结果色。在饱和度为 0 时，使用此模式不会产生变化，效果如图 10-30 所示。
- 颜色模式：该模式使用当前图层的亮度与下一图层的色相和饱和度进行混合，效果与饱和度模式类似。
- 明度模式：该模式使用当前图层的色相和饱和度与下一图层的亮度进行混合，效果与颜色模式相反，效果如图 10-31 所示。

图 10-28　划分效果

图 10-29　色相效果

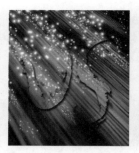
图 10-30　饱和度效果

图 10-31　明度效果

10.2　关于混合选项

利用图层样式可以制作出许多丰富的图像效果，而图层混合选项是图层样式的默认选项。选择"图层"|"图层样式"|"混合选项"命令或者单击"图层"面板底部的"添加图层样式"按钮 _fx_，即可打开"图层样式"对话框，如图 10-32 所示。在该对话框中可以调整整个图层的不透明度与混合模式参数，其中有些参数的设置可以直接在"图层"面板上完成。

- "常规混合"选项组用于设置图层的混合模式和不透明度。
- "高级混合"选项组用于设置图层的填充不透明度和颜色显示模式，以及透视查看当前图层的下级图层。
- "混合颜色带"选项组用于设置两个图层的混合颜色。

图 10-32　"图层样式"对话框

10.2.1　通道混合

在"图层样式"对话框中的"高级混合"选项组中可对通道混合进行设置。其中，"通道"选项中的 R、G、B 分别对应红、绿、蓝通道。当取消某个通道选项的选择时，则对应的颜色通道将被隐藏，如图 10-33 所示和图 10-34 所示分别为隐藏红色通道的前后效果。打开"通道"面板，可看到红通道已经被隐藏，缩览图显示为黑色，如图 10-35 所示。

图 10-33　原素材效果

图 10-34　隐藏红色通道

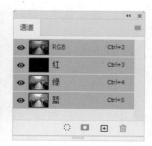
图 10-35　"通道"面板

知识点滴

当打开的图像为 CMYK 模式或 Lab 模式时，"图层样式"对话框中的通道选项将显示相应的色彩模式。

10.2.2 挖空效果

打开"图层样式"对话框，在如图 10-36 所示的"高级混合"选项组中可以设置图像挖空效果。该功能可以将上层图层与下层图层全部或部分重叠的图层区域显示出来。创建挖空效果需要 3 个图层：挖空的图层、穿透的图层、显示的图层，如图 10-37 所示。

图 10-36 "挖空"选项

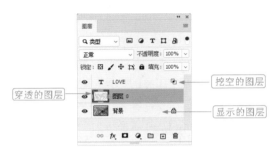

图 10-37 "图层"面板

"挖空"各选项参数的作用如下。

- 挖空：用于设置挖空的程度。其中选择"无"选项将不挖空；选择"浅"选项将挖空到第一个可能的停止点，如图层组下方的第一个图层或剪贴蒙版的基底图层；选择"深"选项，将挖空到背景图层，若图像中没有背景图层，将显示透明效果。如图 10-38 所示为挖空到背景图层，如图 10-39 所示为挖空到透明效果。

图 10-38 挖空到背景图层

图 10-39 挖空到透明效果

- 将内部效果混合成组：选中该复选框后，添加了"内发光""颜色叠加""渐变叠加"和"图案叠加"效果的图层将不显示其效果。
- 将剪贴图层混合成组：选中该复选框，底部图层的混合模式将与上一层图像产生剪贴混合效果。取消该复选框，则底部图层的混合模式将只对自身有影响，而不会对其他图层有影响。
- 透明形状图层：选中该复选框，此时图层样式或挖空范围将被限制在图层的不透明区域。
- 图层蒙版隐藏效果：选中该复选框，将隐藏图层蒙版中的效果。
- 矢量蒙版隐藏效果：选中该复选框，将隐藏矢量蒙版中的效果。

使用"混合颜色带"可以通过隐藏像素的方式来创建图像混合的效果。它是一种高级的蒙版，用于混合上下两个图层的内容。

打开"图层样式"对话框后，在"混合颜色带"选项组中设置需要隐藏的颜色，以及本图层和下一图层的颜色阈值，即可设置混合颜色带，如图 10-40 所示。

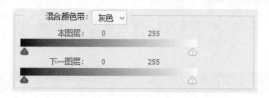

图 10-40　设置混合颜色带

"混合颜色带"选项组中各选项的作用如下。

- 混合颜色带：用于设置控制混合效果的颜色通道，若用户选择"灰色"选项，则表示所有颜色通道都将参加混合。
- 本图层：拖动"本图层"中的滑块，可隐藏本层图像像素，显示下层图像像素。若将左边黑色的滑块向右边移动，图像中较深色的像素将被隐藏；若将右边白色的滑块向左边移动，图像中较浅色的像素将被隐藏起来。如图 10-41 所示为隐藏本图层中颜色较浅的像素效果。
- 下一图层：拖动"下一图层"中的滑块，可将当前图层下方的图层像素隐藏。若将左边黑色的滑块向右边移动，图像中较深色的像素将被隐藏；若将右边白色的滑块向左边移动，图像中较浅色的像素将被隐藏起来。如图 10-42 所示为隐藏下一图层中颜色较深的像素效果。

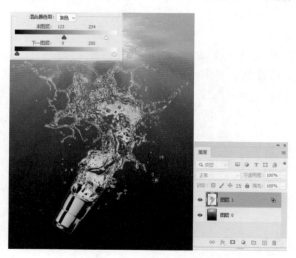

图 10-41　隐藏浅色图像

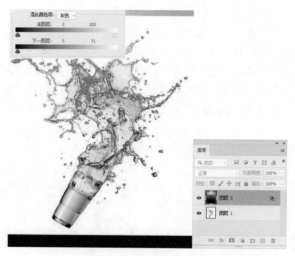

图 10-42　隐藏深色图像

10.3　应用图层样式

对某个图层应用了图层样式后，样式中定义的各种图层效果就会应用到该图像中，并且为图像增加层次感、透明感和立体感。

10.3.1 添加图层样式

Photoshop 提供了多种图层样式效果，它们全都被列举在"图层样式"对话框的"样式"栏中，下面将详细介绍各种图层样式的作用。

1. "斜面和浮雕"样式

"斜面和浮雕"样式可在图层图像上产生立体的倾斜效果，使整个图像出现浮雕般的效果。选择"图层"|"图层样式"|"斜面和浮雕"命令，即可使用"斜面和浮雕"样式，"斜面和浮雕"样式的各项参数如图 10-43 所示。

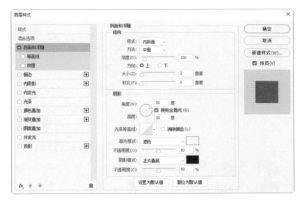

图 10-43 "斜面和浮雕"样式

"斜面和浮雕"样式中各主要选项的作用如下。

- ☛ "样式"：用于选择斜面和浮雕的样式。其中"外斜面"选项可产生一种从图层图像的边缘向外侧呈斜面状的效果；"内斜面"选项可在图层内容的内边缘上创建斜面的效果，如图 10-44 所示；"浮雕效果"选项可产生一种凸出于图像平面的效果，如图 10-45 所示；"枕状浮雕"选项可产生一种凹陷于图像内部的效果，如图 10-46 所示；"描边浮雕"选项可将浮雕效果仅应用于图层的边界。

| 图 10-44 内斜面效果 | 图 10-45 浮雕效果 | 图 10-46 枕状浮雕效果 |

- ☛ 方法：用于设置斜面和浮雕的雕刻方式。其中"平滑"选项可产生一种平滑的浮雕效果；"雕刻清晰"选项可产生一种硬的雕刻效果；"雕刻柔和"选项可产生一种柔和的雕刻效果。
- ☛ 深度：用于设置斜面和浮雕的效果深浅程度，值越大，浮雕效果越明显。
- ☛ 方向：选中"上"单选按钮，表示高光区在上，阴影区在下；选中"下"单选按钮，表示高光区在下，阴影区在上。
- ☛ 高度：用于设置光源的高度。
- ☛ 高光模式：用于设置高光区域的混合模式。单击右侧的颜色块可设置高光区域的颜色，"不透明度"用于设置高光区域的不透明度。
- ☛ 阴影模式：用于设置阴影区域的混合模式。单击右侧的颜色块可设置阴影区域的颜色，"不透明度"用于设置阴影区域的不透明度。

选中"斜面和浮雕"样式下方的"等高线"复选框，进入相应的选项，单击"等高线"右侧的下拉按钮，在打开的面板中选择一种曲线样式，如图 10-47 所示，即可得到如图 10-48 所示的等高线图像效果。

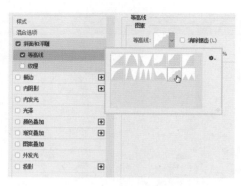

图 10-47　等高线样式

图 10-48　等高线效果

选中"斜面和浮雕"样式下方的"纹理"复选框，进入相应的选项，单击"纹理"右侧的下拉按钮，可以在打开的面板中选择一种纹理样式，然后设置纹理的缩放和深度参数，如图 10-49 所示，图像效果如图 10-50 所示。

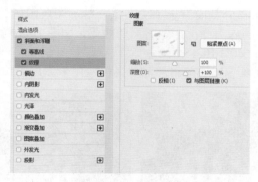

图 10-49　纹理样式

图 10-50　纹理效果

2. "描边"样式

"描边"样式是指使用颜色、渐变色或图案为图像制作轮廓效果，适用于处理边缘效果清晰的形状。选择"图层"|"图层样式"|"描边"命令，即可使用"描边"样式，用户可在其中设置"描边"选项，如图 10-51 所示。

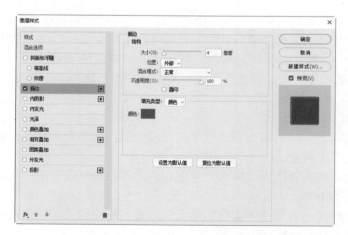

图 10-51　"描边"样式

在"填充类型"下拉列表中可以选择描边样式，分别为颜色描边、渐变描边和图案描边。图 10-52 所示是使用颜色描边的效果；图 10-53 所示是使用渐变描边的效果；图 10-54 所示是使用图案描边的效果。

图 10-52　颜色描边　　　　　　　图 10-53　渐变描边　　　　　　　图 10-54　图案描边

3. "投影"样式

"投影"是图层样式中最常用的一种图层样式效果，应用"投影"样式可以为图层增加类似影子的效果。选择"图层"|"图层样式"|"投影"命令，即可使用"投影"样式，如图 10-55 所示。

图 10-55　　"投影"样式

"投影"样式中各主要选项的作用如下。

- 混合模式：用来设置投影图像与原图像间的混合模式。单击后面的下拉按钮，可以在弹出的下拉列表中选择不同的混合模式，通常默认模式产生的效果最理想。其右侧的颜色块用来控制投影的颜色，系统默认为黑色。单击颜色图标，可以在打开的"选择阴影颜色"对话框中设置投影颜色。
- 不透明度：用来设置投影的不透明度，可以拖动滑块或直接输入数值进行设置，如图 10-56 所示为设置不透明度为 50% 的效果，如图 10-57 所示为设置不透明度为 100% 的效果。

图 10-56　不透明度为 50%　　　　　　图 10-57　不透明度为 100%

- 角度：用来设置光照的方向，投影在该方向的对面出现。
- 使用全局光：选中该复选框，图像中所有的图层效果将使用相同的光线照入角度。
- 距离：设置投影与原图像间的距离，值越大，距离越远。如图 10-58 所示为设置"距离"为 15 像素的效果，如图 10-59 所示为设置"距离"为 100 像素的效果。

图 10-58　距离为 15 像素

图 10-59　距离为 100 像素

- 扩展：用于设置投影的扩散程度，值越大，扩散越多。
- 大小：用于调整阴影模糊的程度，值越大，越模糊。
- 等高线：用来设置投影的轮廓形状。单击"等高线"右侧的下拉按钮，在弹出的面板中可以选择一种等高线样式，如图 10-60 所示；单击"等高线"缩览图，打开"等高线编辑器"对话框，用户可以自行设置曲线样式，如图 10-61 所示。
- 消除锯齿：用来消除投影边缘的锯齿。
- 杂色：用于设置是否使用噪声点来对投影进行填充。

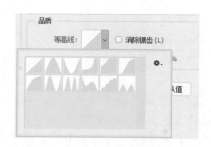

图 10-60　选择等高线样式

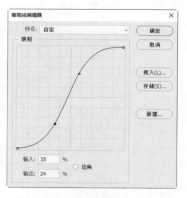

图 10-61　自定义等高线样式

4. "内阴影"样式

"内阴影"样式可以为图层内容增加阴影效果，就是指沿图像边缘向内产生投影效果，使图像产生一定的立体感和凹陷感。

"内阴影"样式的设置方法和选项与"投影"样式相同。为图像中的树叶图层添加内阴影后的效果如图 10-62 所示。

图 10-62　内阴影效果

5. "外发光"样式

在 Photoshop 图层样式中提供了两种光照样式，即"外发光"样式和"内发光"样式。使用"外发光"样式，可以为图像添加从图层外边缘发光的效果。

练习实例：为图像添加外发光效果	
文件路径	第 10 章＼添加外发光
技术掌握	添加外发光

01 打开"风景.jpg"素材图像，然后选择圆角矩形工具，在属性栏中设置"半径"为 30 像素，在图像中绘制一个圆角矩形，如图 10-63 所示。

图 10-63　绘制圆角矩形

02 按 Ctrl+Enter 组合键，将路径转换为选区。然后新建一个图层，设置前景色为白色，然后按 Alt+Delete 组合键填充选区，如图 10-64 所示。

图 10-64　填充选区

03 在"图层"面板中设置"填充"为 0，选择"图层"|"图层样式"|"外发光"命令，打开"图层样式"对话框，单击 ⊙□ 色块，设置外发光颜色为白色，其余设置如图 10-65 所示，得到的图像效果如图 10-66 所示。

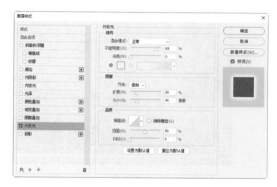

图 10-65　设置外发光参数

图 10-66　外发光效果

04 在"外发光"样式中同样可以设置"等高线"选项，单击"等高线"缩览图，在打开的"等高线编辑器"对话框中编辑曲线，如图 10-67 所示。

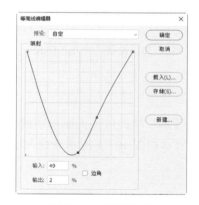

图 10-67　调整曲线

05 单击"确定"按钮，得到编辑等高线后的图像外发光效果如图 10-68 所示。

6. "内发光"样式

"内发光"样式与"外发光"样式刚好相反，是指在图层内容的边缘以内添加发光效果。"内发光"样式的设置方法和选项与"外发光"样式相同，为图像设置内发光后的效果如图 10-69 所示。

图 10-68　编辑等高线后的图像效果　　　　　　图 10-69　内发光效果

7. "光泽"样式

通过为图层添加光泽样式，可以在图像表面添加一层反射光效果，使图像产生类似绸缎的感觉，还可以通过设置不同的"等高线"样式来改变光泽的样式。

打开"图层样式"对话框，选择"光泽"样式，设置各选项参数，如图 10-70 所示。添加"光泽"样式的前后对比效果分别如图 10-71 和图 10-72 所示。

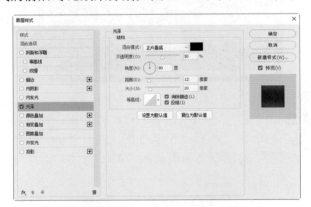

图 10-70　设置"光泽"样式　　　　图 10-71　原图像效果　　　图 10-72　添加"光泽"样式后的效果

8. "颜色叠加"样式

"颜色叠加"样式就是为图层中的图像内容叠加覆盖一层颜色。如图 10-73 所示为颜色叠加参数选项，如图 10-74 所示和图 10-75 所示分别为添加"颜色叠加"样式的前后对比效果。

9. "渐变叠加"样式

"渐变叠加"样式就是使用一种渐变颜色覆盖在图像表面。选择"图层"|"图层样式"|"渐变叠加"命令，在打开的对话框中可进行参数设置，如图 10-76 所示。如图 10-77 所示和图 10-78 所示分别为添加"渐变叠加"样式的前后对比效果。

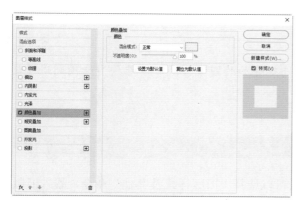

图 10-73 "颜色叠加"样式

图 10-74 原图效果

图 10-75 颜色叠加效果

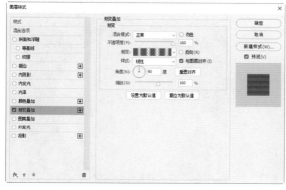

图 10-76 设置渐变叠加参数

图 10-77 原图效果

图 10-78 渐变叠加效果

"渐变叠加"样式中各主要选项的作用如下。

- 渐变：用于选择渐变的颜色，与渐变工具中的相应选项完全相同。
- 样式：用于选择渐变的样式，包括线性、径向、角度、对称以及菱形 5 个选项。
- 缩放：用于设置渐变色之间的融合程度，数值越小，融合度越低。

10. "图案叠加"样式

"图案叠加"样式就是使用一种图案覆盖在图像表面。选择"图层"|"图层样式"|"图案叠加"命令，在打开的对话框中可进行相应的参数设置，如图 10-79 所示。选择一种图案叠加样式后得到的效果如图 10-80 所示。

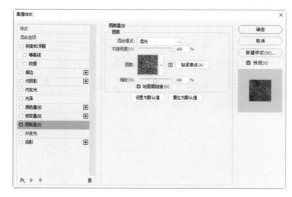

图 10-79 设置图案叠加参数

图 10-80 图案叠加效果

知识点滴

在设置图案叠加时，在"图案"下拉列表中可以选择叠加的图案样式，"缩放"选项则用于设置填充图案的纹理大小，值越大，其纹理越大。

● 10.3.2 使用"样式"面板

Photoshop 中自带了多种预设样式，这些样式都集合在"样式"面板中。选择"窗口"|"样式"命令，即可打开该面板。面板中自动分类了多组预设样式，单击"样式"面板右上方的 ≡ 按钮，可以载入 Photoshop 2020 之前的旧版本，如图 10-81 所示。

图 10-81 "样式"面板

练习实例：快速绘制玻璃按钮	
文件路径	第 10 章 \ 绘制玻璃按钮
技术掌握	应用样式

01 打开"彩色背景.psd"素材文件，然后新建一个图层，选择椭圆选框工具，按住 Shift 键绘制一个正圆形选区，将其填充为白色，如图 10-82 所示。

02 选择"窗口"|"样式"命令，打开"样式"面板，在其中可以看到部分预设样式组，并且在面板上方将显示之前所运用过的样式图样，如图 10-83 所示。单击"样式"面板右上方的 ≡ 按钮，在面板菜单中

可以选择"旧版样式及其他"命令，载入旧版样式，用户可以根据需要添加所需的样式组，如图 10-84 所示。

图 10-82 绘制圆形并填充为白色

图 10-83 "样式"面板　　图 10-84 载入旧版样式

03 展开"所有旧版默认样式"预设组，再展开选择"Web 样式"预设组，可以查看其中的样式预设图样，如图 10-85 所示。

图 10-85　查看样式预设图样

04 在"样式"面板中选择"带投影的蓝色凝胶"样式，即可为图像添加该种样式，效果如图 10-86 所示，并可在"图层"面板中得到图层样式，如图 10-87 所示。

图 10-86　图像效果

图 10-87　图层样式

 进阶技巧

如果要删除"样式"面板中的某一种样式，可以按住 Alt 键并单击该样式，即可直接将其删除。

05 选择"图层"|"图层样式"|"缩放效果"命令，打开"缩放图层效果"对话框，设置"缩放"参数为 230%，如图 10-88 所示。

图 10-88　"缩放图层效果"对话框

06 单击"确定"按钮，即可得到按钮效果，如图 10-89 所示。

图 10-89　按钮效果

07 单击"样式"面板右上方的 ▤ 按钮，在弹出的菜单中选择"导出所选样式"命令，在打开的"另存为"对话框中可设置文件名称，如图 10-90 所示，单击"确定"按钮，可以将创建的图层样式存储到"样式"面板中，这样，在需要时就可以随时调用。

图 10-90　"另存为"对话框

 知识点滴

要使用存储的样式，可以单击"样式"面板右上方的 ▤ 按钮，在弹出的菜单中选择"载入样式"命令，选择样式名称后，即可将该样式载入面板中。

10.4　管理图层样式

当用户为图像添加了图层样式后，就可以对图层样式进行查看，并且可以对已经添加的图层样式进行编辑，也可以清除不需要的图层样式。

10.4.1　展开和折叠图层样式

当用户为图像添加图层样式后，在"图层"面板中图层名的右侧将会出现一个 fx 图标，通过这个图标可以将图层样式进行展开和折叠，以方便用户管理图层样式。

当用户为图像应用图层样式后，在其中能查看当前图层应用的图层样式。单击其右侧的 按钮，如图10-91 所示，可以展开图层样式，如图 10-92 所示，再次单击 按钮即可折叠图层样式。

图 10-91　展开图层样式

图 10-92　折叠图层样式

10.4.2　复制与删除图层样式

在绘制图像时，有时需要对不同的图像应用相同的图层样式。这时，用户可以复制一个已经设置好的图层样式，将其粘贴到其他图层中；而对于一些多余的图层样式，可以进行删除。

练习实例：复制和删除文字图层样式	
文件路径	第 10 章 \ 文字图层样式
技术掌握	复制和删除图层样式

01 打开"金属字.psd"素材文件，如图 10-93 所示。在"图层"面板中可以看到图层 1 带有图层样式，如图 10-94 所示。

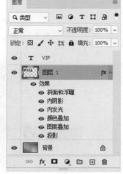

图 10-93　素材文件　　　　图 10-94　图层样式

02 在"图层"面板中选择图层1，使用鼠标右键单击图层，在弹出的快捷菜单中选择"拷贝图层样式"命令，即可复制图层样式，如图10-95所示。

03 选择VIP图层，再单击鼠标右键，在弹出的快捷菜单中选择"粘贴图层样式"命令，即可将复制的图层粘贴到该图层中，如图10-96所示。

图10-97 复制图层样式　　图10-98 图像效果

06 对于多余的图层样式，可以进行删除。选择"图层"|"图层样式"|"清除图层样式"命令，如图10-99所示，可以清除所有图层样式。

07 如果要清除某一种图层样式，可以选择图层中的某一种样式，如"斜面和浮雕"样式，按住鼠标左键将其拖动到"图层"面板底部的"删除图层"按钮 中，如图10-100所示，可以直接删除该图层样式。

图10-95 选择"拷贝图层　　图10-96 粘贴图层
样式"命令　　　　　　　　样式

04 按Ctrl+Z组合键后退一步操作，撤销复制图层样式操作。

05 将鼠标放到图层1下方的"效果"中，按下Alt键的同时按住鼠标左键将其直接拖动到VIP图层中，如图10-97所示，也可以得到复制的图层样式，效果如图10-98所示。

图10-99 选择"清除图层　　图10-100 删除图层样式
样式"命令

10.4.3 栅格化图层样式

对于包含了图层样式的图层，在使用一些命令或工具时会受到限制，这时可以使用"栅格化"命令将其转换为普通图层后再进行操作。

选择一个带有图层样式的图层，如图10-101所示，选择"图层"|"栅格化"|"图层样式"命令，即可将效果图层转换为普通图层，但图像依然保留添加图层样式后的图像效果，此时的"图层"面板如图10-102所示。

 知识点滴

在"栅格化"命令子菜单中，还可以对文字图层、矢量图层等进行栅格化处理，只有将这些图层转换为普通图层后，才能对其应用画笔工具、"滤镜"命令等。

图 10-101　图层样式

图 10-102　栅格化图层样式后的"图层"面板

10.4.4　缩放图层样式

当用户为图像添加图层样式后，可以使用"缩放效果"命令对图层的效果进行整体的缩放调整，使图像效果更好。

选择"图层"|"图层样式"|"缩放效果"命令，打开"缩放图层效果"对话框。用户可以直接在"缩放"后面的文本框中输入参数值进行调整，如图 10-103 所示，还可以单击 ∨ 按钮，通过拖动下面的三角形滑块来调整缩放参数，如图 10-104 所示。

图 10-103　输入值调整缩放参数

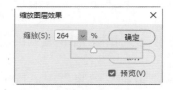

图 10-104　拖动滑块调整缩放参数

10.5　课堂案例：制作比赛海报

课堂案例：制作比赛海报	
文件路径	第 10 章 \ 舞蹈比赛海报
技术掌握	图层混合模式的应用、图层样式的设置

案例效果

本节将应用本章所学的知识，制作舞蹈比赛海报，主要是巩固之前所学的图层混合模式、图层样式的应用，以及图层的复制等知识点。本案例的效果如图 10-105 所示。

图 10-105　案例效果

操作步骤

01 选择"文件"|"新建"命令，打开"新建文档"对话框，在对话框右侧设置文件名称为"舞蹈比赛海报"、宽度为100厘米、高度为172厘米，其他参数设置如图10-106所示。

02 打开"紫色背景.jpg"图像文件，使用移动工具将其移动过来，适当调整图像大小，使其布满整个画面，如图10-107所示。

图 10-106　新建图像文件　　　图 10-107　添加背景图像

03 打开"圆圈.jpg"图像文件，使用移动工具将其移动过来，适当调整图像大小，放到画面上方，如图10-108所示。

04 选择椭圆选框工具，在属性栏中设置羽化值为10，然后在图像中绘制一个圆形选区，如图10-109所示。

 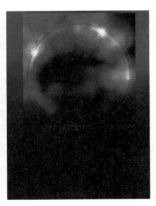

图 10-108　添加素材图像　　　图 10-109　绘制图形选区

05 在"图层"面板中单击"添加图层蒙版"按钮，再设置其图层混合模式为"滤色"，如图10-110所示，得到的图像效果如图10-111所示。

图 10-110　设置图层属性　　　图 10-111　图像效果

06 打开"舞蹈.jpg"和"光束.jpg"图像文件，使用移动工具分别将其拖曳到当前编辑的图像中，将光束图像的图层混合模式改为"变亮"，如图10-112所示，图像效果如图10-113所示。

图 10-112　设置图层属性　　　图 10-113　图像效果

07 打开"金沙.psd"图像文件，选择移动工具将其拖曳过来，放到人物下方，如图10-114所示。使用橡皮擦工具适当擦除图像底部，使其与背景图像融合，如图10-115所示。

 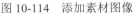 

图 10-114　添加素材图像　　　图 10-115　擦除部分图像

08 打开"灯光.jpg"图像文件，使用移动工具将其拖曳过来，放到画面左上方，并设置该图层的混合模式为"滤色"，效果如图 10-116 所示。

09 按 Ctrl+J 组合键复制一次图像，选择"编辑"|"变换"|"水平翻转"命令，将翻转后的图像放到画面右上方，如图 10-117 所示。

图 10-116　添加素材图像　　图 10-117　复制并水平翻转图像

10 选择横排文字工具在图像中输入文字，填充"舞"字为黄色 (R241,G238,B122)，并设置合适的字体，其他字填充为白色，如图 10-118 所示。

11 双击文字图层，打开"图层样式"对话框，选择"外发光"样式，设置外发光颜色为白色，其他参数的设置如图 10-119 所示。

图 10-118　输入并填充文字　　图 10-119　设置外发光样式

12 单击"确定"按钮，得到添加外发光样式后的文字效果，如图 10-120 所示。

13 选择横排文字工具和直排文字工具，分别在图像中输入其他文字，如图 10-121 所示。至此，已完成本案例的制作。

图 10-120　文字外发光效果　　图 10-121　输入其他文字

10.6　高手解答

问：在编辑图像时，如何对多个图层进行叠加合成？

答：在编辑图像时，通过改变图层的不透明度和混合模式可以生成新的图像效果，从而对多个图层进行叠加合成。

问：当对包含了图层样式的图层使用一些命令或工具受到限制时，应该如何处理？

答：对于包含了图层样式的图层，在使用一些命令或工具时会受到限制，这时可以使用"栅格化"命令将其转换为普通图层后再进行操作。选择"图层"|"栅格化"|"图层样式"命令，即可将效果图层转换为普通图层，但图像依然保留添加图层样式后的图像效果。

第11章 文字设计

本章将学习文字的输入与编辑。一幅成功的设计图，文字是必不可少的元素，它往往能起到画龙点睛的作用，从而更能突出画面主题。本章将主要介绍文字的各种创建方法和文字属性的编辑等知识。

练习实例：在图像中输入段落文字   练习实例：设置文字的段落属性
练习实例：在路径上创建文字   练习实例：将文字转换为路径
练习实例：在图像中创建文字选区   练习实例：将文字转换为形状
练习实例：设置文字的字符属性   课堂案例：制作时尚名片

11.1 创建文字

Photoshop 提供了 4 种文字工具，分别是横排文字工具、直排文字工具、直排文字蒙版工具和横排文字蒙版工具。单击并按住工具箱中的 **T.**工具不放，将显示文字工具组，如图 11-1 所示。

图 11-1　文字工具组

11.1.1　创建美术文本

在 Photoshop 中，美术文本是指在图像中单击鼠标后直接输入的文字。使用横排文字工具 **T.**和直排文字工具 **IT.**能够输入美术文本。横排文字工具和直排文字工具的使用方法相同，只是排列方式有所区别。

在工具箱中单击横排文字工具按钮 **T.**，其属性栏中的参数选项如图 11-2 所示。

图 11-2　横排文字工具属性栏

横排文字工具属性栏中各主要选项的作用如下。

- **IT.**：单击该按钮可以在文字的水平排列和垂直排列之间进行切换。
- Adobe 宋体 Std：在该下拉列表框中可选择输入字体的样式。
- 72 点：单击右侧的下拉按钮，在下拉列表中可以选择文字的大小，也可直接输入文字的大小值。
- 锐利：在其下拉列表框中可以设置消除锯齿的方法。
- ：用于设置多行文本的对齐方式。分别为左对齐按钮、居中对齐按钮、右对齐按钮。
- ：单击该按钮，可以打开"选择文本颜色"对话框，在其中可设置文本颜色。
- ：单击该按钮，可以打开"变形文字"对话框，在其中可以设置变形文字的样式和扭曲程度。
- ：单击该按钮，可以打开"字符 / 段落"面板。

打开任意一幅素材图像，如图 11-3 所示，然后选择工具箱中的横排文字工具 **T.**，在图像中单击一次鼠标左键，这时在"图层"面板中将自动添加一个文字图层，如图 11-4 所示。此时图像中会出现闪烁的光标，直接输入文字内容，然后按 Enter 键即可完成文字的输入，如图 11-5 所示。

图 11-3　素材图像

图 11-4　添加文字图层

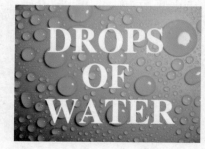
图 11-5　输入文字

知识点滴

在默认状况下，系统会根据前景色来确定文字颜色，用户可以先设置好前景色再输入文字。

11.1.2　创建段落文字

段落文字最大的特点在于创建段落文本框，文字可以根据外框的尺寸在段落中自动换行，其操作方法与一般排版软件类似，如 Word、PageMaker 等。

练习实例：在图像中输入段落文字	
文件路径	第 11 章 \ 段落文字
技术掌握	段落文字

01 打开"桃花背景.jpg"素材图像作为文字背景图像。选择横排文字工具 **T**，将光标移到图像中进行拖动，创建一个段落文本框，如图 11-6 所示。

图 11-6　创建段落文本框

02 在段落文本框内输入文字，即可创建段落文字。在段落文本框中，输入的文字到达文本框的边缘位置时，文字会自动换行，如图 11-7 所示。

图 11-7　输入的文字自动换行

03 将鼠标指针置于边框的控制点上，当光标变成双向箭头 ↗ 时，可以方便地调整段落文本框的大小，如图 11-8 所示。

图 11-8　调整段落文本框的大小

04 当鼠标指针变成双向弯曲箭头 ↵ 时，按住鼠标左键进行拖动，可旋转段落文本框，如图 11-9 所示。

图 11-9　旋转段落文本框

进阶技巧

创建段落文字后，按住 Ctrl 键拖动段落文本框的任何一个控制点，就可以在调整段落文本框大小的同时缩放文字。

在 Photoshop 中输入文本时，可以沿钢笔工具或形状工具创建的工作路径输入文字，使文字产生特殊的排列效果。

练习实例：在路径上创建文字	
文件路径	第 11 章 \ 路径文字
技术掌握	路径文字

01 打开"花朵背景.jpg"素材图像作为文字背景。在工具箱中选择椭圆工具 ◯，然后在属性栏的工具模式中选择"路径"命令，即可在图像中绘制一个椭圆路径，如图 11-10 所示。

图 11-10　绘制椭圆路径

02 在工具箱中选择横排文字工具，将鼠标指针移到椭圆中，当光标变成 ① 形状时，单击鼠标左键即可在该图形中输入文字，如图 11-11 所示。在图形中创建的文字会自动根据图形进行排列，形成段落文字，然后按小键盘上的 Enter 键进行确定。

图 11-11　输入文字

03 选择钢笔工具在椭圆文字上方绘制一条曲线路径，如图 11-12 所示。

图 11-12　绘制曲线路径

04 选择横排文字工具，将鼠标指针移到路径上，当光标变成 形状时，单击鼠标左键，即可沿着路径输入文字，其默认的状态是与基线垂直对齐，如图 11-13 所示。

图 11-13　输入文字

05 打开"字符"面板，设置基线偏移为 13 点，如图 11-14 所示。这时得到的文字效果如图 11-15 所示，然后按小键盘上的 Enter 键进行确定即可。

Photoshop 2020 图像处理标准教程（全彩版）

图 11-14　设置基线偏移

图 11-15　文字效果

11.1.4　创建文字选区

在 Photoshop 中，用户可以使用横排和直排文字蒙版工具创建文字选区，这在广告制图方面应用较多，也是对选区的进一步扩展。

 知识点滴

使用横排和直排文字蒙版工具创建的文字选区，可以填充颜色，但是它已经不具有文字属性，不能再改变其字体样式，只能像编辑图像一样进行处理。

练习实例：在图像中创建文字选区	
文件路径	第 11 章 \ 文字选区
技术掌握	文字选区

01 打开"科技背景.jpg"素材图像，在工具箱中选择横排文字蒙版工具 T，将光标移到图像中进行单击，将出现闪烁的光标，同时，画面将变成一层透明红色遮罩的状态，如图 11-16 所示。

图 11-16　进入蒙版状态

02 在闪烁的光标后输入所需的文字，并在属性栏中设置文字的大小和字体样式，单击属性栏右侧的 ✔ 按钮，即可得到文字选区，如图 11-17 所示。

图 11-17　文字选区

03 新建一个图层，为文字填充白色，并适当调整文字的位置，完成后按 Ctrl+D 组合键取消选区，如图 11-18 所示。

04 选择"窗口"|"样式"命令，打开"样式"面板，单击面板右上方的 ≡ 按钮，在弹出的菜单中选择"旧版样式及其他"命令，如图 11-19 所示。

图 11-18　填充颜色

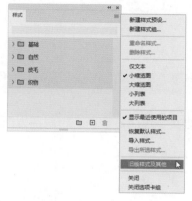

图 11-19　选择"旧版样式及其他"命令

05 展开"Web 样式"预设组，选择"水银"样式，如图 11-20 所示，得到的效果如图 11-21 所示。

图 11-20　选择"水银"样式

图 11-21　图像效果

11.2　编辑文字属性

在图像中输入文字后，可以在"字符"或"段落"面板中对文字的属性进行设置，包括调整文字的颜色、大小、字体、对齐方式和字符缩进等。

11.2.1　选择文字

要对文字进行编辑，首先需要选中该文字所在的图层，然后选取要设置的部分文字。选取文字时先切换到横排文字工具，然后将鼠标指针移到要选择的文字的开始处，当指针变成 I 形状时单击并拖动鼠标，如图 11-22 所示。在需要选取文字的结尾处释放鼠标，被选中的文字将以文字的补色显示，如图 11-23 所示。

图 11-22　将光标定位在文字开始处

图 11-23　选择文字

11.2.2 改变文字方向

当输入文本后如果需将横排文本转换成竖排文本，或将竖排文本转换成横排文字，此时无须重新输入文字，直接进行文字方向的转换即可。

选中需要改变文字方向的文字图层，选择"文字"|"文本排列方向"|"横排"或"竖排"命令，即可改变文字的方向，如图 11-24 和图 11-25 所示。

图 11-24　原文字方向

图 11-25　转换后的文字方向

11.2.3 设置字符属性

字符属性可以在文字属性栏和"字符"面板中进行设置，在"字符"面板中除了可以设置文字的字体、字号、样式和颜色外，还可以设置字符间距、垂直缩放、水平缩放、加粗、下画线、上标等。

选择"窗口"|"字符"命令，或者单击文字属性栏中的"切换字符和段落面板"按钮▤，即可打开"字符"面板，如图 11-26 所示。

图 11-26　"字符"面板

"字符"面板中各主要选项的作用如下。

- 选择字体 [Adobe 黑体 Std ∨]：单击右侧的下拉按钮，可在下拉列表中选择字体。
- 设置文字大小 [T 36点 ∨]：用于设置字符的大小。
- 设置行距 [A (自动) ∨]：用于设置文本行的间距，值越大，间距越大。如果数值小于一定范围，文本行与行之间将重合在一起，在应用该选项前应先选择至少两行文本。
- 设置两个字符间的间距微调 [VA 0 ∨]：用于对文字间距进行细微的调整。要设置该选项，只需将文字输入光标移到需要设置的位置即可。

- 设置所选字符的字距调整 ▦ ：用于设置字符之间的距离，数值越大，文本间距越大。
- 设置所选字符的比例间距 ▦ 0% ：根据文本的比例大小来设置文字的间距。
- 垂直缩放 IT 100% ：用于设置文本在垂直方向上的缩放比例。
- 水平缩放 T 100% ：用于设置文本在水平方向上的缩放比例。
- 设置基线偏移 A⁴ 0点 ：用于设置选择文本的偏移量，当文本为横排输入状态时，输入正数时往上移，输入负数时往下移；当文本为竖排输入状态时，输入正数时往右移，输入负数时往左移。
- 设置文本颜色 ▦ ：单击该颜色块，可在打开的对话框中重新设置文字的颜色。
- 字体样式 T T TT Tʳ Tₗ T T ：这些按钮依次用于对文字进行仿粗体、仿斜体、全部大写字母、小型大写字母、上标、下标、下画线和删除线设置。

练习实例：设置文字的字符属性	
文件路径	第 11 章 \ 字符属性
技术掌握	设置字符属性

01 打开"时钟.jpg"图像文件，设置需要的前景色，然后在图像中输入横排文字，如图 11-27 所示。

图 11-27 输入横排文字

02 将光标插入最后一个文字的后方，然后按住鼠标左键向左方拖动，选择所有文字，如图 11-28 所示。

图 11-28 选择文字

03 在文字属性栏中设置文字的字体为方正汉简简体、大小为 100，效果如图 11-29 所示。

图 11-29 文字效果

04 打开"字符"面板，设置文字的字符间距为 100，如图 11-30 所示。

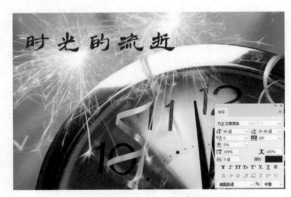

图 11-30 设置字符间距

05 单击"颜色"选项右侧的色块，打开"拾色器（文本颜色）"对话框，然后选择一种颜色（如红色）作为文字颜色，如图 11-31 所示，单击"确定"按钮，即可改变文字的颜色，如图 11-32 所示。

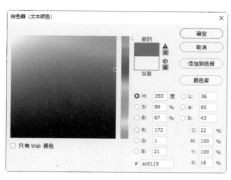

图 11-31　选择颜色

图 11-32　改变后的文字颜色

06 拖动光标选择"流逝"两字，然后在"字符"面板中设置基线偏移为 -25 点，设置文字大小为 110 点，调整后的文字效果如图 11-33 所示。

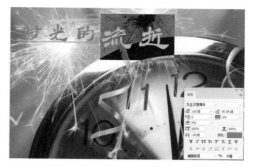

图 11-33　文字偏移效果

07 依次按下"字符"面板中的"仿粗体" **T**、"仿斜体" **T** 和"下画线" **T** 按钮，设置完成后，得到的文字效果如图 11-34 所示。

图 11-34　文字样式效果

11.2.4　设置段落属性

创建段落文本后，用户可以在"段落"面板中设置段落文本的对齐和缩进方式。选择"窗口"|"段落"命令，或者单击文字属性栏中的"切换字符和段落面板"按钮 ，打开"段落"面板，如图 11-35 所示。

图 11-35　"段落"面板

"段落"面板中各主要选项的作用如下。

- 对齐方式 ：用于设置文本的对齐方式。这些按钮从左到右依次为左对齐文本、居中对齐文本、右对齐文本、最后一行左对齐、最后一行居中对齐、最后一行右对齐和全部对齐。
- 左缩进 ：用于设置段落文字由左边向右缩进的距离。对于直排文字，该选项用于控制文本从段落顶端向底部缩进。

⏺ 右缩进▮▸ 0点：用于设置段落文字由右边向左缩进的距离。对于直排文字，该选项则控制文本由段落底部向顶端缩进。

⏺ 首行缩进▮ 0点：用于设置文本首行缩进的距离。

⏺ 段前添加空格▮ 0点：用于设置段前的距离。

⏺ 段后添加空格▮ 0点：用于设置段后的距离。

练习实例：设置文字的段落属性	
文件路径	第 11 章 \ 段落属性
技术掌握	设置段落属性

01 打开"标签.psd"素材图像，在图像中创建一个段落文本，如图 11-36 所示。

图 11-36　创建段落文本

02 在文字属性栏中设置文字的字体为方正黄草简体、大小为 14 点，颜色为淡黄色 (R255,G249,B161)，效果如图 11-37 所示。

图 11-37　设置文字属性后的效果

03 打开"段落"面板，设置左缩进为 5 点、右缩进为 15 点、首行缩进为 20 点，如图 11-38 所示，得到的文字缩进效果如图 11-39 所示。

图 11-38　设置字符缩进

图 11-39　字符缩进效果

04 单击"居中对齐文本"按钮▤，将段落文本居中对齐，效果如图 11-40 所示。

05 单击"全部对齐"按钮▤，可以将段落文本两端对齐，效果如图 11-41 所示。

218

图 11-40　居中对齐文本效果

图 11-41　全部对齐文本效果

11.2.5　编辑变形文字

单击文字属性栏中的"创建文字变形"按钮，打开"变形文字"对话框，可以通过该对话框中提供的变形样式创建艺术文字，如图 11-42 所示。

"变形文字"对话框中各选项的作用如下。

🌂 样式：在右方下拉列表中提供了 15 种变形样式供用户选择，如图 11-43 所示。

🌂 水平：设置文本沿水平方向进行变形，系统默认为沿水平方向变形。

🌂 垂直：设置文本沿垂直方向进行变形。

🌂 弯曲：设置文本弯曲的程度，当值为 0 时表示没有任何弯曲。

🌂 水平扭曲：设置文本在水平方向上的扭曲程度。

🌂 垂直扭曲：设置文本在垂直方向上的扭曲程度。

图 11-42　"变形文字"对话框

图 11-43　变形样式

打开任意一幅素材图像，使用横排文字工具在图像中输入横排文字，如图 11-44 所示。然后在文字工具属性栏中单击"创建变形文字"按钮，打开"变形文字"对话框，单击"样式"右侧的下拉按钮，在弹出的下拉列表中选择"旗帜"样式，然后设置"弯曲"参数，如图 11-45 所示。单击"确定"按钮返回画面中，文字即可变成拱形效果，如图 11-46 所示。

图 11-44　输入横排文字

图 11-45　设置变形参数

图 11-46　变形后的文字

11.3　文字转换和栅格化

创建文字后，用户可以将文字转换为路径，或对文字进行栅格化，以便对其进行更多的编辑处理。

11.3.1　将文字转换为路径

用户在 Photoshop 中输入文字后，可以将文字转换为路径。将文字转换为路径后，就可以像操作任何其他路径那样来存储和编辑该路径，同时还能保持原文字图层不变。

练习实例：将文字转换为路径	
文件路径	第 11 章 \ 文字转换为路径
技术掌握	文字转换为路径

01 打开"海豚.jpg"图像文件，选择横排文字工具，在其中输入文字，如图 11-47 所示。

图 11-48　隐藏文字图层

图 11-47　输入文字

02 选择"文字"|"创建工作路径"命令，即可得到工作路径(为了便于查看文字路径，这里将文字图层隐藏，如图 11-48 所示)，文字路径效果如图 11-49 所示。

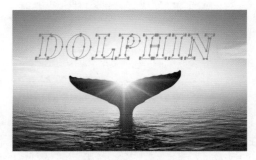

图 11-49　创建路径

03 切换到"路径"面板，可以看到所创建的工作路径，如图 11-50 所示。

图 11-50　所创建的路径效果

图 11-51　编辑路径

04 使用直接选择工具调整文字路径，在不改变原来文字的情况下，可以修改文字的路径形状，如图 11-51 所示。

05 按 Ctrl+Enter 组合键将路径转换为选区，并填充选区为深蓝色 (R7,G41,B85)，得到的变形文字效果如图 11-52 所示。

图 11-52　填充选区

11.3.2　将文字转换为图形形状

在 Photoshop 中，除了可以将文字转换为路径外，还可以将其转换为图形形状，以便于对文字形状进行修改。当文字转换为路径和形状后，将不能再对其进行编辑，但是可以使用编辑路径的相关工具调整文字的形状、大小、位置和颜色等。

练习实例：将文字转换为形状	
文件路径	第 11 章 \ 文字转换为形状
技术掌握	文字转换为形状

01 打开"绸缎.jpg"图像文件，使用横排文字工具在图像中输入文字，如图 11-53 所示，"图层"面板中的文字图层如图 11-54 所示。

图 11-53　输入横排文字

图 11-54　显示文字图层

02 选择"文字"|"转换为形状"命令，将文字转换为形状，"图层"面板中的文字图层将自动转换为形状图层，如图 11-55 所示。

03 使用直接选择工具对文字形状的部分节点进行调整，可以直接改变文字的形状，如图 11-56 所示。

图 11-55　转换为形状图层　　　　　　　图 11-56　编辑文字形状

11.3.3　栅格化文字

在图像中输入文字后，不能直接在文字图层中进行绘图操作，也不能对文字应用滤镜命令，只有对文字进行栅格化处理后，才能对其进行进一步的编辑。

在"图层"面板中选择文字图层，如图 11-57 所示，然后选择"文字"|"栅格化文字图层"命令，即可将文字图层转换为普通图层。将文字图层栅格化后，图层缩览图将发生相应变化，如图 11-58 所示。

图 11-57　选择文字图层　　　　　　　　图 11-58　栅格化文字

进阶技巧

当一幅图像中的文字图层较多时，合并文字图层或者将文字图层与其他图像图层进行合并，一样可以将文字栅格化。

11.4　课堂案例：制作时尚名片

课堂案例：制作时尚名片	
文件路径	第 11 章 \ 时尚名片
技术掌握	文字的创建、文字属性的设置、文字的编辑

案例效果

本节将应用本章所学的知识，制作时尚名片，巩固文字的创建、文字属性的设置以及文字的编辑等操作，本案例的效果如图 11-59 所示。

图 11-59　案例效果

操作步骤

01 选择"文件"|"新建"命令,打开"新建文档"对话框,在对话框右侧设置文件名称为"时尚名片"、宽度为 12 厘米、高度为 13 厘米,其他参数的设置如图 11-60 所示。

02 选择渐变工具 ,单击属性栏左侧的渐变色条,打开"渐变编辑器"对话框,设置渐变颜色从浅灰色 (R226,G226,B226) 到灰色 (R184,G184,B184),其他参数的设置如图 11-61 所示。

图 11-60　新建图像文件　　图 11-61　设置渐变色

03 单击"确定"按钮,在属性栏中设置渐变方式为"线性渐变" ,然后在图像上方按住鼠标向下拖动,得到渐变填充效果,如图 11-62 所示。

04 新建图层 1,选择多边形套索工具 ,在图像中绘制一个三角形选区,然后使用渐变工具对其进行较浅的灰色线性渐变填充,效果如图 11-63 所示。

图 11-62　渐变填充效果

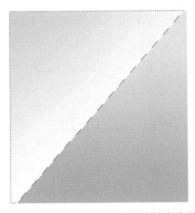

图 11-63　绘制三角形并进行线性渐变填充

05 新建一个图层,选择矩形选框工具,在图像中绘制一个矩形选区,填充为深红色 (R161,G31,B36),如图 11-64 所示。

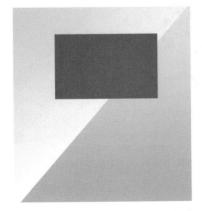

图 11-64　绘制矩形并填充为深红色

06 打开"红绸.psd"图像文件,选择移动工具分别将其中的图像拖曳到当前编辑的图像中,适当调整大小后放到红色矩形两侧,如图 11-65 所示。

图 11-65　添加素材图像

07 在"图层"面板中选择"红绸 1"图层，如图 11-66 所示，选择"图层"|"图层样式"|"投影"命令，打开"图层样式"对话框，设置投影颜色为深红色，其他参数的设置如图 11-67 所示。

图 11-66　选择图层　　　图 11-67　设置投影参数

08 单击"确定"按钮，得到红绸的投影效果。再使用同样的方法，选择"红绸 2"图层，为该图层添加投影样式，效果如图 11-68 所示。

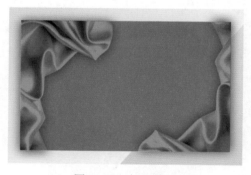

图 11-68　投影效果

09 按住 Ctrl 键依次选择红绸所在的两个图层，然后选择"图层"|"创建剪贴蒙版"命令，得到剪贴图层，红色矩形以外的投影将被隐藏起来，如图 11-69 所示。

10 选择横排文字工具，在图像中输入文字"完美

婚嫁"，在"字符"面板中设置字体为方正姚体简体，单击"仿斜体"按钮，再设置字间距为 -100，如图 11-70 所示。

图 11-69　隐藏部分投影

图 11-70　设置文字属性

11 选择"婚嫁"两个字，在"字符"面板中缩小文字字号，并设置基线偏移为 3.35 点，如图 11-71 所示。

图 11-71　设置文字基线偏移

12 选择"图层"|"图层样式"|"投影"命令，打开"图层样式"对话框，设置投影颜色为黑色，其他参数的设置如图 11-72 所示。

13 单击"确定"按钮，得到文字的投影效果，如图 11-73 所示。

图 11-72　投影样式　　　　图 11-73　文字的投影效果

图 11-76　添加图像

14 打开"卡通人物.psd"素材文件，使用移动工具 ✛，将图像拖曳到当前编辑的图像中，放到文字右侧，然后在"婚嫁"文字的下方再输入一行文字，并在"字符"面板中设置与"完美婚嫁"相同的字体和样式，效果如图 11-74 所示。

17 参照如图 11-77 所示的效果，选择名片正面图像中的部分图层，按 Ctrl+J 组合键复制图层，然后将其放到图像下方，再输入地址和电话等信息，得到名片背面图像。

图 11-74　添加图像和文字

图 11-77　输入信息文字

15 选择横排文字工具，在名片中间输入人物的相关信息。选择名称文字，设置字体为方正兰亭粗黑简体；选择职位文字，设置字体为方正兰亭刊黑；选择电话号码，设置字体为方正粗宋简体，并为该文字也添加投影样式，效果如图 11-75 所示。

18 分别选择正面图像所在图层和背景图像所在图层，按 Ctrl+E 组合键合并图层，如图 11-78 所示。

19 分别选择正面和背面图层，双击该图层，为其添加投影图层样式，完成本案例的制作，效果如图 11-79 所示。

图 11-75　输入并设置人物的相关信息

16 打开"喜.psd"素材文件，然后使用移动工具 ✛，将图像拖曳到编辑的图像中，放到名片的左下方，如图 11-76 所示。

图 11-78　合并图层　　　　图 11-79　最终图像效果

11.5　高手解答

问：在 Photoshop 中如何创建直排文字？

答：在 Photoshop 工具箱中选择直排文字工具后，就可以在图像中输入直排文字。或是在输入横排文字后，单击文字工具属性栏中的"切换文本取向"按钮，也可以将横排文字切换为直排文字。

问：为什么在文字图像上使用画笔工具时，无法进行操作？

答：由于 Photoshop 的文字图层是特殊图层，因此无法直接对文字图层使用画笔、仿制图章、橡皮擦等工具。如果要对文字图层进行绘画等操作，应先将文字图层转换为普通图层，之后即可对其进行相应的编辑。

问：如何将文字图层转换为普通图层？

答：选择"文字"|"栅格化文字图层"命令，可以将文字图层转换为普通图层。

问：在 Photoshop 中的文字选区是如何创建的？

答：在 Photoshop 中使用横排和直排文字蒙版工具可以在图像中创建文字选区。用户也可以在输入普通文字后，选择"文字"|"创建工作路径"命令，将文字转换为路径，再由路径转换为选区。

问：如何在 Photoshop 中创建段落文本？

答：选择一个文本工具，将光标移到图像文件中进行拖曳，即可创建一个段落文本框，然后在段落文本框内输入文字即可。

读书笔记

侧边栏：Photoshop 2020 图像处理标准教程（全彩版）

第12章 通道与蒙版

在 Photoshop 中，蒙版和通道是非常重要的功能，使用蒙版可以在不同的图像中制作出多种效果，还可以制作出高品质的影像合成；而通道不但可以保存图像的颜色信息，还可以存储选区，以方便用户反复使用较为复杂的图像选区。

练习实例：新建 Alpha 通道
练习实例：复制图像中的通道
练习实例：分离与合并通道
练习实例：对图像进行通道运算
练习实例：使用图层蒙版抠图

练习实例：添加矢量蒙版
练习实例：制作剪贴图层效果
练习实例：改变图像局部色彩
课堂案例：制作艺术边框

12.1 认识通道

通道是存储不同类型信息的灰度图像，这些信息通常与选区有直接的关系，所以对通道的应用实质就是对选区的应用。

12.1.1 通道分类

通道主要有两种作用：一种是保存和调整图像的颜色信息；另一种是保存选定的范围。在 Photoshop 中，通道包括颜色通道、Alpha 通道和专色通道 3 种类型。

1. 颜色通道

颜色通道主要用于描述图像的色彩信息，如 RGB 颜色模式的图像有 3 个默认的通道，分别为红 (R)、绿 (G)、蓝 (B)，不同的颜色模式将有不同的颜色通道。当用户打开一个图像文件后，将自动在 "通道" 面板中创建一个颜色通道。图 12-1 所示为 RGB 图像的颜色通道，图 12-2 所示为 CMYK 图像的颜色通道。

图 12-1　RGB 通道

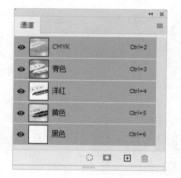

图 12-2　CMYK 通道

在 "通道" 面板中选择不同的颜色通道，则显示的图像效果也不一样，如图 12-3、图 12-4 和图 12-5 所示分别为在 RGB 模式下各通道的显示效果。

图 12-3　红色通道

图 12-4　绿色通道

图 12-5　蓝色通道

2. Alpha 通道

Alpha 通道是用于存储图像选区的蒙版，它将选区存储为 8 位灰度图像后放入 "通道" 面板中，用来隔离和保护图像的特定部分，所以它不能存储图像的颜色信息。

3．专色通道

专色是指除了 CMYK 以外的颜色。专色通道主要用于记录专色信息，指定用于专色 (如银色、金色及特种色等) 油墨印刷的附加印版。

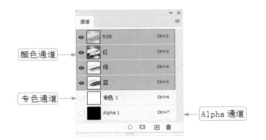

图 12-6　"通道"面板

12.1.2　"通道"面板

在 Photoshop 中，打开的图像都会在"通道"面板中自动创建颜色信息通道。如果图像文件有多个图层，则每个图层都有一个颜色通道，如图 12-6 所示。

"通道"面板中各工具按钮的作用如下。

🌢 将通道作为选区载入 ▦：单击该按钮可以将当前通道中的图像转换为选区。
🌢 将选区存储为通道 ▣：单击该按钮可以自动创建一个 Alpha 通道，图像中的选区将存储为一个遮罩。
🌢 创建新通道 ▣：单击该按钮可以创建一个新的 Alpha 通道。
🌢 删除当前通道 🗑：单击该按钮可以删除当前选择的通道。

知识点滴

只有以支持图像颜色模式的格式 (如 PSD、PDF、PICT、TIFF 或 Raw 等格式) 存储文件时才能保留 Alpha 通道，以其他格式存储文件可能会导致通道信息丢失。

在默认情况下，Photoshop 的原色通道以灰度显示图像。如果要使原色通道以彩色显示，可以选择"编辑"|"首选项"|"界面"命令，打开"首选项"对话框，选中"用彩色显示通道"复选框，如图 12-7 所示，各原色通道就会以彩色显示，如图 12-8 所示。

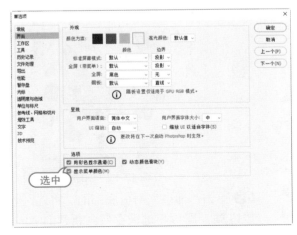

图 12-7　"首选项"对话框

图 12-8　以彩色显示通道

229

12.2 创建通道

在 Photoshop 中，图像都会有一个颜色通道。在编辑图像的过程中，用户还可以根据需要创建 Alpha 通道或专色通道。

● 12.2.1 创建 Alpha 通道

Alpha 通道用于存储选择范围，可进行多次编辑。用户可以通过载入图像选区，然后新建 Alpha 通道对图像进行操作。

练习实例：新建 Alpha 通道	
文件路径	第 12 章 \ 新建 Alpha 通道
技术掌握	创建 Alpha 通道

01 打开"果酱.jpg"素材图像，然后选择"窗口"| "通道"命令，打开"通道"面板，如图 12-9 所示。

图 12-9 "通道"面板

02 单击"通道"面板底部的"创建新通道"按钮 ⊞，即可创建一个 Alpha 1 通道，如图 12-10 所示。

图 12-10 新建 Alpha 通道

03 用户也可以通过菜单创建通道。单击"通道"面板右上角的快捷菜单按钮 ≡，在弹出的快捷菜单中选择"新建通道"命令，打开"新建通道"对话框，设置好所需的选项后单击"确定"按钮，如

图 12-11 所示，同样可以在"通道"面板中创建一个 Alpha 通道，如图 12-12 所示。

图 12-11 "新建通道"对话框

图 12-12 新建 Alpha 通道

04 在图像窗口中创建一个选区，如图 12-13 所示。

图 12-13 创建选区

05 单击"通道"面板底部的"将选区存储为通道"按钮 ◉，即可将选区存储到新建的 Alpha 通道中，如图 12-14 所示。

图 12-14　存储选区为通道

知识点滴

　　将选区存储为 Alpha 通道后，当图像中的选区被取消后，在"通道"面板中选中选区通道，单击"将通道作为选区载入"按钮，即可重新载入该选区，或是在按住 Ctrl 键的同时，单击选区通道的图标，也可以重新载入该选区。

12.2.2　创建专色通道

　　单击"通道"面板右上角的快捷菜单按钮，在弹出的快捷菜单中选择"新建专色通道"命令，打开"新建专色通道"对话框，如图 12-15 所示。在该对话框中输入新通道名称后单击"确定"按钮，即可新建专色通道，如图 12-16 所示。

图 12-15　"新建专色通道"对话框

图 12-16　新建专色通道

12.3　编辑通道

　　在使用通道对图像进行处理的过程中，通常还需要在"通道"面板中对通道进行相关操作，这样才能创建出更加丰富的图像效果。

12.3.1　选择通道

　　对通道进行编辑，首先需要选择通道。在"通道"面板中单击某一通道即可选择该通道，如图 12-17 所示；按住 Shift 键的同时，在"通道"面板中逐一单击某个通道，即可同时选择多个通道，如图 12-18 所示。

图 12-17　选择单个通道

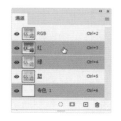

图 12-18　选择多个通道

12.3.2 通道与选区的转换

　　如果在图像中创建了选区，单击"通道"面板中的"将选区存储为通道"按钮 █，可以将选区保存到 Alpha 通道中，如图 12-19 所示。

　　在"通道"面板中选择要载入选区的 Alpha 通道，然后单击"将通道作为选区载入"按钮 █，即可载入该通道中的选区；或是在按住 Ctrl 键的同时，单击"通道"面板中的 Alpha 通道，也可以载入通道中的选区，如图 12-20 所示。

图 12-19　在通道中保存选区　　　　　　　　图 12-20　在图像中载入选区

12.3.3 复制通道

　　在 Photoshop 中，不但可以将通道复制在同一个文档中，还可以将通道复制到新建的文档中。通道的复制操作可以在"通道"面板中进行。

练习实例：复制图像中的通道	
文件路径	第 12 章 \ 复制通道
技术掌握	复制通道

01 打开"平板电脑.jpg"图像文件，选择需要复制的通道（如"红"通道），如图 12-21 所示，然后按住鼠标左键将该通道拖动到面板底部的"创建新通道"按钮 █ 上。

02 当光标变成手掌形状 █ 时释放鼠标，即可复制所选择的通道，如图 12-22 所示。

图 12-21　拖动通道　　　图 12-22　复制通道

03 使用鼠标右击另一个需要复制的通道，在弹出的快捷菜单中选择"复制通道"命令，如图 12-23 所示。

图 12-23　选择"复制通道"命令

04 在打开的"复制通道"对话框中打开"文档"下拉列表框，然后选择"新建"选项，如图 12-24 所示。

05 在"复制通道"对话框中为通道和文档命名，如图 12-25 所示。

图 12-24 选择"新建"选项

图 12-25 设置选项

06 单击"确定"按钮,即可将指定的通道复制到新的文档中,如图 12-26 所示。

图 12-26 复制到新文档中的通道

12.3.4 删除通道

由于多余的通道会改变图像文件的大小,还会影响计算机的运行速度。因此,在完成图像的处理后,可以将多余的通道删除。

删除通道有以下 4 种常用方法。

- 选择需要删除的通道,按住鼠标左键将其拖动到面板底部的"删除当前通道"按钮 🗑 上。
- 选择需要删除的通道,单击面板底部的"删除当前通道"按钮 🗑 ,然后在弹出的对话框中进行确定。
- 选择需要删除的通道,在该通道上单击鼠标右键,在弹出的快捷菜单中选择"删除通道"命令。
- 选择需要删除的通道,单击面板右上方的快捷菜单按钮 ,在弹出的快捷菜单中选择"删除通道"命令。

12.3.5 通道的分离与合并

在 Photoshop 中,对通道进行分离与合并,可以得到更加精彩的图像效果。通道的分离是将一个图像文件的各个通道分开,各个通道图像会成为一个拥有独立图像窗口和"通道"面板的独立文件,用户可以对各个通道文件进行独立编辑。当对各个通道文件编辑完成后,可以再将各个独立的通道文件合成到一个图像文件中,这就是通道的合并。

练习实例:分离与合并通道	
文件路径	第 12 章 \ 分离与合并通道
技术掌握	分离与合并通道

01 打开"饮料.jpg"素材图像,可在"通道"面板中查看该图像的通道信息,如图 12-27 所示。

图 12-27 图像及对应的通道

02 单击通道快捷菜单按钮■，在弹出的快捷菜单中选择"分离通道"命令，系统会自动将图像按原图像中的分色通道数目分解为3个独立的灰度图像，如图 12-28 所示。

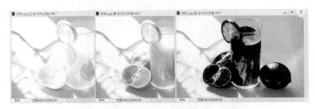

图 12-28　分离通道后生成的图像

03 选择分离出来的绿色通道图像，选择"滤镜"|"扭曲"|"波纹"命令，在打开的对话框中设置参数并确定，如图 12-29 所示。此时绿色通道的图像效果如图 12-30 所示。

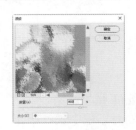 

图 12-29　设置波纹效果　图 12-30　应用滤镜后的图像效果

04 单击任意通道快捷菜单按钮■，在弹出的快捷菜单中选择"合并通道"命令，在打开的"合并通道"对话框中设置合并后图像的颜色模式为RGB颜色，如图 12-31 所示。

图 12-31　"合并通道"对话框

05 单击"确定"按钮，然后在打开的"合并 RGB 通道"对话框中直接进行确定，即可合并通道。此时，可以看到原图像中添加了波纹纹理，效果如图 12-32 所示。

图 12-32　合并后的效果

12.3.6　通道的运算

在 Photoshop 中，可以对同一个图像的不同通道或两个不同图像中的通道进行运算，从而得到图像的混合效果。

练习实例：对图像进行通道运算	
文件路径	第 12 章 \ 通道运算
技术掌握	通道运算

01 打开"火焰.jpg"和"面具.jpg"素材图像，如图 12-33 和图 12-34 所示。

知识点滴

对图像进行通道运算时，首先要确保两张图像的像素尺寸相同，否则不能自动匹配文件。

图 12-33　火焰

02 选择"面具"图像为当前图像，按 Ctrl+J 组合键复制一次背景图层，如图 12-35 所示。

图 12-34　面具

图 12-35　复制图层

图 12-36　设置参数

图 12-37　混合通道后的图像效果

图 12-38　最终的图像效果

03 选择"图像"|"应用图像"命令，打开"应用图像"对话框。设置源图像为"火焰"图像、通道为"RGB"、混合模式为"滤色"，如图 12-36 所示。

04 单击"确定"按钮，"火焰"图像中的部分图像即可混合到"面具"图像中，效果如图 12-37 所示。

05 选择橡皮擦工具，在属性栏中设置样式为柔角画笔，"不透明度"为 50%，对图像中的人物眼睛进行擦除，得到的图像效果如图 12-38 所示。

12.4　认识蒙版

蒙版是一种 256 色的灰度图像，它作为 8 位灰度通道存放在图层或通道中，用户可以使用绘图编辑工具对它进行修改。

12.4.1　蒙版的种类

Photoshop 2020 提供了 4 种蒙版：图层蒙版、剪贴蒙版、矢量蒙版和快速蒙版。各蒙版的特点如下。

● 图层蒙版：通过蒙版中的灰度信息来控制图像的显示区域，可用于合成图像，也可控制填充图层、调整图层、智能滤镜的有效方位。

● 剪贴蒙版：通过一个对象的形状来控制其他图层的显示区域。
● 矢量蒙版：通过路径和矢量形状控制图像的显示区域。
● 快速蒙版：在快速蒙版模式中通过画笔工具绘制出蒙版区域，然后获取选区，编辑图像。

● 12.4.2 蒙版属性面板

蒙版属性面板用于调整所选图层中的图层蒙版和矢量蒙版的不透明度和羽化范围。在图像中创建蒙版后，选择"窗口"|"属性"命令，可以打开蒙版的属性面板，如图 12-39 所示。

蒙版属性面板中各个工具和选项的作用如下。

● 图层蒙版：显示在"图层"面板中当前选择的蒙版类型，此时可在"属性"面板中进行编辑。
● 选择图层蒙版 ▣：单击该按钮，可以为当前图层添加图层蒙版。
● 选择矢量蒙版 ▣：单击该按钮，可以为当前图层添加矢量蒙版。
● 浓度：拖动滑块可以控制蒙版的不透明度，即蒙版的遮盖强度。
● 羽化：拖动滑块可以柔化蒙版的边缘。
● 选择并遮住蒙版边缘：单击该按钮，可以针对不同的背景查看和修改蒙版边缘，这些操作与调整选区边缘基本相同。
● 颜色范围：单击该按钮，可以打开"颜色范围"对话框，通过在图像中取样并调整颜色容差来修改蒙版范围。
● 反相：单击该按钮，可以翻转蒙版的遮挡区域。
● 从蒙版中载入选区 ▣：单击该按钮，可以载入蒙版中包含的选区。
● 应用蒙版 ▣：单击该按钮，可以将蒙版应用到图像中，同时删除被蒙版遮盖的图像。
● 停用 / 启用蒙版 ◉：单击该按钮，可以停用（或重新启用）蒙版，停用蒙版时，蒙版缩览图上会出现一个红色 ×，如图 12-40 所示。
● 删除蒙版 🗑：单击该按钮，可以删除当前选择的蒙版。

图 12-39　蒙版的属性面板

图 12-40　停用蒙版

12.5　应用蒙版

在了解蒙版的特点后，接下来将学习蒙版的具体使用方法，包括图层蒙版、矢量蒙版、剪贴蒙版和快速蒙版的使用。

使用图层蒙版可以隐藏或显示图层中的部分图像。用户可以通过图层蒙版显示下一层图像中原来已经遮罩的部分。该功能常用于制作抠图合成效果。

　　单击"图层"面板底部的"添加图层蒙版"按钮 ▢ ，即可添加一个图层蒙版，如图 12-41 所示。添加图层蒙版后，可以在"图层"面板中对图层蒙版进行编辑。使用鼠标右击蒙版图标，在弹出的快捷菜单中可以选择所需的编辑命令，如图 12-42 所示。

图 12-41　添加图层蒙版

图 12-42　弹出的快捷菜单

图 12-42 所示的快捷菜单中主要编辑命令的含义如下。

- 停用图层蒙版：选择该命令可以暂时不显示图像中添加的蒙版效果。
- 删除图层蒙版：选择该命令可以彻底删除所应用的图层蒙版效果，使图像回到原始状态。
- 应用图层蒙版：选择该命令可以将蒙版图层变成普通图层，以后将无法对蒙版状态进行编辑。

练习实例：使用图层蒙版抠图	
文件路径	第 12 章 \ 使用图层蒙版抠图
技术掌握	图层蒙版

01 打开"听歌少女.jpg"素材图像，使用矩形选框工具在人像周围绘制矩形选区，然后按 Ctrl+C 组合键复制选区内的图像，如图 12-43 所示。

图 12-43　复制选区中的图像

02 打开"彩色背景.jpg"素材图像，在图像中按 Ctrl+V 组合键粘贴图像，将复制的人物图像粘贴到其中，如图 12-44 所示。

图 12-44　粘贴图像

03 选择图层 1，单击"图层"面板底部的"添加图层蒙版"按钮 ▢ ，即可添加一个图层蒙版，如图 12-45 所示。

04 设置前景色为黑色，然后选择画笔工具，在属性栏中选择柔角样式，涂抹人物背景图像，"图层"面板中的效果如图 12-46 所示。涂抹之处的图像将被隐藏，图像效果如图 12-47 所示。

图 12-45　添加图层蒙版　　　图 12-46　图层蒙版状态　　　　　　图 12-47　图像效果

 知识点滴

　　对图层蒙版进行编辑时，"图层"面板中黑色区域的图像为透明状态（即被隐藏），白色区域的图像为显示状态。

● 12.5.2　矢量蒙版

　　用户可以通过钢笔或形状工具创建蒙版，这种蒙版就是矢量蒙版。矢量蒙版可在图层上创建锐边形状，无论何时需要添加边缘清晰分明的设计元素，都可以使用矢量蒙版。

练习实例：添加矢量蒙版	
文件路径	第 12 章 \ 添加矢量蒙版
技术掌握	矢量蒙版

01 打开"绿叶.jpg"和"瓢虫.jpg"素材图像，将瓢虫图像拖入绿叶图像中，并调整图像大小使其覆盖整个画面，如图 12-48 所示。

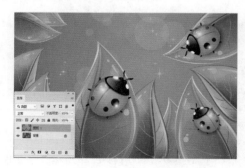

图 12-48　添加图像

02 在工具箱中选择自定形状工具，然后在属性栏中单击"形状"右侧的三角形按钮，在弹出的面板中选择其中的"红心形卡"形状，如图 12-49 所示。

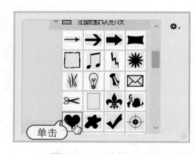

图 12-49　选择形状

03 在图像窗口中绘制一个爱心矢量图形，在工具箱中选择直接选择工具，适当调整图形的大小和位置，如图 12-50 所示。

图 12-50　绘制矢量图形

04 在属性栏中单击"蒙版"按钮，如图 12-51 所示，即可创建一个矢量蒙版，如图 12-52 所示。

图 12-51　单击"蒙版"按钮

知识点滴

创建矢量蒙版后，需要选择"图层"|"栅格化"|"矢量蒙版"命令，才可以对矢量蒙版进行编辑。

图 12-52　创建矢量蒙版

05 在"图层"面板中双击图层 1，打开"图层样式"对话框，选择"投影"样式，设置投影为黑色，其他参数的设置如图 12-53 所示，即可为矢量蒙版添加图层样式，效果如图 12-54 所示。

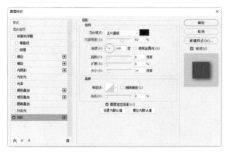

图 12-53　添加图层样式

图 12-54　投影效果

12.5.3　剪贴蒙版

剪贴蒙版可以使用某个图层中包含像素的区域来限制其上层图像的显示范围。它的最大优点是可以通过一个图层来控制多个图层的可见内容，而图层蒙版和矢量蒙版只能控制一个图层。

用户可以在剪贴蒙版中使用多个图层，但它们必须是连续的图层。蒙版中的基底图层名称带下画线，上层图层的缩览图是缩进的，叠加图层将显示一个剪贴蒙版图标。

练习实例：制作剪贴图层效果	
文件路径	第 12 章 \ 制作剪贴图层效果
技术掌握	剪贴蒙版

01 打开"周年庆.psd"素材图像，如图 12-55 所示。在"图层"面板中可以看到除背景图层外，还有两个普通图层，如图 12-56 所示。

图 12-55　素材图像　　　图 12-56　"图层"面板

02 打开"背景花朵.psd"素材图像，使用移动工具将其拖动到周年庆图像文件中，这时"图层"面板中将自动增加一个新的图层，如图 12-57 所示。

图 12-57　添加花朵图像

03 选择"图层"|"创建剪贴蒙版"命令，即可得到剪贴蒙版的效果。"图层"面板中的花朵图层将变成剪贴图层，如图 12-58 所示。这时得到的图像效果如图 12-59 所示。

图 12-58　剪贴图层

图 12-59　剪贴图像后的效果

12.5.4　快速蒙版

　　快速蒙版是一种临时蒙版，使用快速蒙版只建立图像的选区，不会对图像进行修改。快速蒙版需要通过其他工具来绘制选区，然后再进行编辑。

练习实例：改变图像局部色彩	
文件路径	第 12 章 \ 改变图像局部色彩
技术掌握	快速蒙版

01 打开"金发美女.jpg"图像文件，如图 12-60 所示。

02 单击工具箱下方的"以快速蒙版模式编辑"按钮 ▣，进入快速蒙版编辑模式。可以在"通道"面板中看到新建的快速蒙版，如图 12-61 所示。

图 12-60　素材图像

图 12-61　创建快速蒙版

03 选择工具箱中的画笔工具 ![brush]，涂抹画面中人物的衣服和头发图像，涂抹出来的颜色为透明红色状态，如图 12-62 所示。在"通道"面板中会显示出涂抹的状态，如图 12-63 所示。

图 12-62　涂抹图像

图 12-63　快速蒙版状态

04 单击工具箱中的"以标准模式编辑"按钮 ![btn]，或按 Q 键，返回标准模式中，得到图像选区，如图 12-64 所示。

图 12-64　获取选区

05 选择"选择"|"反选"命令，然后选择"图像"|"调整"|"色相/饱和度"命令，打开"色相/饱和度"对话框，在其中调整图像颜色，如图 12-65 所示。

图 12-65　调整色相/饱和度

06 单击"确定"按钮回到画面中，即可得到人物衣服和头发图像的色彩调整效果，如图 12-66 所示。

图 12-66　色彩效果

12.6　课堂案例：制作艺术边框

课堂案例：制作艺术边框	
文件路径	第 12 章 \ 艺术边框
技术掌握	新建 Alpha 通道、在通道中应用滤镜

案例效果

本节将应用本章所学的知识，制作艺术边框，主要练习通道的创建、通道与选区的转换，以及选区的载入等操作，本案例的效果如图 12-67 所示。

图 12-67　案例效果

操作步骤

01 打开"童趣.jpg"素材图像，如图 12-68 所示。

02 打开"通道"面板，单击面板下方的"创建新通道"按钮，新建"Alpha 1"通道，如图 12-69 所示。

图 12-68　素材图像

图 12-69　创建 Alpha 通道

03 在工具箱中选择套索工具，然后在图像边缘绘制选区，并填充为白色，如图 12-70 所示，按 Ctrl+D 组合键可取消选区。

图 12-70　绘制并填充选区

04 选择"滤镜"|"滤镜库"命令，在打开的对话框中选择"画笔描边"|"喷溅"滤镜，然后设置参数并确定，如图 12-71 所示。

图 12-71　使用"喷溅"滤镜

05 选择 RGB 通道，然后在按住 Ctrl 键的同时单击"Alpha 1"通道，载入"Alpha 1"通道选区，再按 Shift+Ctrl+I 组合键反选选区，如图 12-72 所示。

图 12-72　获取选区

06 将选区填充为白色，然后取消选区，如图 12-73 所示。

图 12-73　填充选区

07 双击背景图层，在打开的对话框中保持默认设置，如图 12-74 所示，单击"确定"按钮，将背景图层转换为普通图层，如图 12-75 所示。

图 12-74　保持默认设置

图 12-75　转换图层

08 新建一个图层，将其放到图层 0 的下方，并填充为白色。

09 选中图层 0，然后选择"图层"|"图层样式"|"外发光"命令，在打开的"图层样式"对话框中设置外发光颜色为黑色，其余参数的设置如图 12-76 所示。

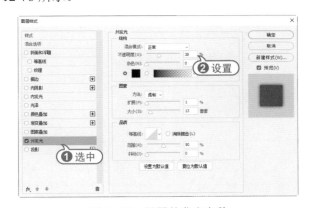

图 12-76　设置外发光参数

10 单击"确定"按钮，得到图像外发光效果。然后按 Ctrl+T 组合键适当缩小图像，完成本案例的制作，效果如图 12-77 所示。

图 12-77　完成效果

12.7　高手解答

问：通道的分离与合并分别指的是什么？

答：在 Photoshop 中，通道的分离是将一个图像文件的各个通道分开，各个通道图像会成为一个拥有独立图像窗口和"通道"面板的独立文件，用户可以对各个通道文件进行独立编辑。对各个通道文件的编辑完成后，再将各个独立的通道文件合成到一个图像文件中，这就是通道的合并。

问：如何在通道中保存和载入选区？

答：单击"通道"面板中的"将选区存储为通道"按钮，可以将选区保存到 Alpha 通道中。在"通道"面板中选择要载入选区的 Alpha 通道，然后单击"将通道作为选区载入"按钮，即可载入该通道中的选区；或是在按住 Ctrl 键的同时，单击"通道"面板中的 Alpha 通道，也可以载入通道中的选区。

问：Alpha 通道的特点是什么？

答：Alpha 通道是用于存储图像选区的蒙版，它将选区存储为 8 位灰度图像并放入"通道"面板中，用来隔离和保护图像的特定部分，所以它不能存储图像的颜色信息。

读书笔记

第13章 应用滤镜

　　滤镜主要用于实现图像的各种特殊效果。在 Photoshop 中有数十种滤镜，有些滤镜只需通过参数设置就可以让图像达到需要的效果，有些滤镜则需要与其他滤镜相结合才能制作出令人满意的效果。只有掌握了各种滤镜的特点，将多种滤镜结合使用，才能制作出神奇的效果。本章所讲解的滤镜种类非常多，不同类型的滤镜可以制作出不同的效果。在学习使用滤镜时，用户可以大胆地尝试各种参数的设置，从而了解各种滤镜的效果特点。

练习实例：制作熔化的奖杯
练习实例：校正图像镜头
课堂案例：制作冰雕图像

13.1 初识滤镜

滤镜通常需要同通道、图层等配合使用，才能获得最佳的艺术效果。Photoshop 的滤镜主要分为两部分：一是 Photoshop 程序自带的内置滤镜；二是第三方厂商为 Photoshop 所生产的外挂滤镜，其数量较多，而且种类也较多、功能也不同。用户可以根据实际情况使用不同的滤镜，轻松地达到创作的意图。

● 13.1.1 滤镜菜单的使用

在 Photoshop 中，系统默认为每个滤镜都设置了效果，当应用该滤镜时，自带的滤镜效果就会应用到图像中，用户可通过滤镜提供的参数对图像效果进行调整。

■ 1. 选择滤镜

用户可以通过 Photoshop 中的滤镜命令为图像制作出各种特殊效果。在"滤镜"菜单中可以找到所有的 Photoshop 内置滤镜。单击"滤镜"菜单，在弹出的"滤镜"菜单中包括了多种滤镜组，在滤镜组中还包含了多种不同的滤镜效果，如图 13-1 所示。在"滤镜"菜单中选择所需的滤镜，即可应用该滤镜的效果。

图 13-1　"滤镜"菜单

■ 2. 预览并设置滤镜

在 Photoshop 的滤镜中，大部分滤镜都有自己的对话框。选择一种滤镜时，将打开对应的参数设置对话框，在其中可预览图像应用滤镜后的效果。例如，打开任意一幅素材图像，然后选择"滤镜"|"风格化"|"风"命令，即可打开"风"对话框，在此可以进行"风"滤镜预览和各项设置，如图 13-2 所示。单击对话框底部的 - 或 + 按钮，可缩小或放大预览图，当预览图放大到超过窗口比例时，可在预览图中通过拖动的方式来显示图像的特定区域，如图 13-3 所示。

 进阶技巧

对图像应用滤镜后，如果发现效果不明显，可按 Alt+Ctrl+F 组合键再次应用该滤镜。

图 13-2　"风"对话框

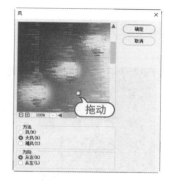

图 13-3　移动预览图

13.1.2　滤镜库的使用

在滤镜库中不但可以实时预览滤镜对图像产生的作用，还可以在操作过程中为图像添加多种滤镜。Photoshop 2020 的滤镜库整合了"扭曲""画笔描边""素描""纹理""艺术效果"和"风格化"6 种滤镜组。

打开一幅图像，选择"滤镜"|"滤镜库"命令，即可打开"滤镜库"对话框，如图 13-4 所示。

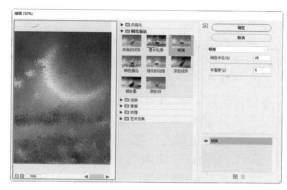

图 13-4　"滤镜库"对话框

在"滤镜库"对话框中可以进行以下操作。

- 在滤镜列表中展开滤镜组文件夹，单击其中一个效果命令，可在左边的预览框中查看应用该滤镜后的效果。
- 单击对话框右下角的"新建效果图层"按钮 ，可新建一个效果图层。单击"删除效果图层"按钮 🗑，可删除效果图层。
- 在对话框中单击 ⊼ 按钮，可隐藏效果选项，从而增加预览框中的视图范围。

13.2　独立滤镜的使用

Photoshop 的滤镜菜单中包含两种滤镜，一种是独立的滤镜，一种是滤镜组中的滤镜。本节将讲解独立的滤镜，包括液化、消失点、镜头校正和 Camera Raw 等滤镜。

13.2.1　液化滤镜

使用液化滤镜可以使图像产生扭曲效果，用户不仅可以自定义图像扭曲的范围和强度，还可以将调整好的变形效果存储起来以备后用。

选择"滤镜"|"液化"命令，打开"液化"对话框，该对话框的左侧为工具箱，中间为预览图像窗口，右侧为参数设置区，如图 13-5 所示。

图 13-5　"液化"对话框

"液化"对话框中左侧各个工具的作用如下。

- 向前变形工具 ：在预览框中单击并拖动鼠标可以使图像中的颜色产生流动效果。在对话框右侧的"大小""浓度""压力"和"速率"框中可以设置笔头样式。
- 重建工具 ：可以对图像中的变形效果进行还原操作。
- 平滑工具 ：可以对图像平滑地变形。
- 顺时针旋转扭曲工具 ：在图像中按住鼠标左键不放，可以使图像产生顺时针旋转效果。
- 褶皱工具 ：使图像产生向内压缩变形的效果。
- 膨胀工具 ：使图像产生向外膨胀放大的效果。
- 左推工具 ：使图像中的像素发生位移变形效果。
- 冻结蒙版工具 ：用于将图像中不需要变形的部分保护起来，被冻结的区域将不会受到变形的影响。
- 解冻蒙版工具 ：用于解除图像中的冻结部分。
- 脸部工具 ：可以自动辨识眼睛、鼻子、嘴巴及其他脸部特征，让用户轻松完成相关调整。适用于修饰人像照片、创建讽刺画效果等。
- 抓手工具 ：用于在对话框中平移图像。
- 缩放工具 ：用于在对话框中缩放图像的显示效果。

练习实例：制作熔化的奖杯	
文件路径	第 13 章 \ 熔化的奖杯
技术掌握	液化滤镜

01 打开"奖杯.jpg"图像文件，选择"滤镜"|"液化"命令，打开"液化"对话框，如图 13-6 所示。

02 选择向前变形工具 ，然后将鼠标指针放到奖杯底座图像上，按住鼠标进行拖动，效果如图 13-7所示。

图 13-6　"液化"对话框

图 13-7　变形图像

03 选择顺时针旋转扭曲工具 ，然后将鼠标指针放到奖杯不同的位置上，按住鼠标进行拖动，效果如图 13-8 所示。

图 13-8　在不同位置拖动图像

04 在"液化"对话框中单击"确定"按钮，完成液化滤镜的操作，得到的效果如图 13-9 所示。

图 13-9　液化处理后的效果

知识点滴

在"液化"对话框中使用工具应用变形效果后，单击右侧的"恢复全部"按钮 ，可以将图像恢复到原始状态。

13.2.2　消失点滤镜

选择"滤镜"|"消失点"命令，打开"消失点"对话框，如图 13-10 所示。可以在图像中自动应用透视原理，按照透视的角度和比例来自动适应图像的修改，从而大大节省精确设计和修饰照片所需的时间。

"消失点"对话框中主要工具的作用如下。

- 创建平面工具 ：打开"消失点"对话框时，该工具为默认选择工具，在预览框中不同的位置单击 4 次，可创建一个透视平面，如图 13-11 所示。在对话框顶部的"网格大小"下拉列表框中可设置显示的密度。
- 编辑平面工具 ：选择该工具可以调整所绘制的透视平面，调整时拖动平面边缘的控制点即可，如图 13-12 所示。

图 13-10　"消失点"对话框

图 13-11　创建透视平面　　　　　　　　　图 13-12　调整透视平面

- 图章工具🔲：该工具与工具箱中的仿制图章工具一样，在透视平面内按住 Alt 键并单击图像可以对图像取样，然后在透视平面其他地方单击，可以将取样图像进行复制，复制后的图像与透视平面保持一样的透视关系。

13.2.3　镜头校正滤镜

使用镜头校正滤镜可以修复常见的镜头瑕疵，如桶形和枕形失真、晕影和色差。该滤镜在 RGB 或灰度模式下只能用于 8 位通道和 16 位通道的图像。

练习实例：校正图像镜头	
文件路径	第 13 章 \ 校正图像镜头
技术掌握	镜头校正滤镜

01 打开"小女孩.jpg"素材图像，如图 13-13 所示。下面将使用"镜头校正"滤镜对图像进行镜头校正。

图 13-13　素材图像

02 选择"滤镜" | "镜头校正"命令，打开"镜头校正"对话框，如图 13-14 所示。

图 13-14　"镜头校正"对话框

03 选择"自动校正"选项卡，用户可以在其中设置校正选项，在"边缘"下拉列表中可以选择一种边缘方式，如图 13-15 所示。

04 在"搜索条件"选项组中设置相机制造商、相机型号和镜头型号，如图 13-16 所示。

图 13-15　设置选项　　　　图 13-16　设置搜索条件

05 选择"自定"选项卡，可以通过设置各项参数来精确地校正图像，或制作特殊的图像效果。例如，设置"移去扭曲"为 12、"垂直透视"为 5、"水平透视"为 -8，如图 13-17 所示。

06 单击"确定"按钮，得到镜头校正效果，如图 13-18 所示。

图 13-17　设置各选项参数

图 13-18　镜头校正效果

13.2.4　Camera Raw 滤镜

Camera Raw 滤镜主要用于调整数码照片。Raw 格式是数码相机的原始文件，记录着感光部件接收到的原始信息，具备最广泛的色彩。

选择"滤镜"|"Camera Raw 滤镜"命令，打开 Camera Raw 对话框，在该对话框中可以对图像进行色彩调整、变形、污点和红眼去除等操作，如图 13-19 所示。

图 13-19　Camera Raw 对话框

第 13 章　应用滤镜

13.2.5 智能滤镜

应用于智能对象的任何滤镜都是智能滤镜，使用智能滤镜可以将已经设置好的滤镜效果重新编辑。

要对图像应用智能滤镜，首先需要选择"滤镜"|"转换为智能滤镜"命令，将图层中的图像转换为智能图像，如图 13-20 所示。然后对该图层应用一个滤镜，此时在"图层"面板中将显示智能滤镜和添加的滤镜，如图 13-21 所示。单击"图层"面板中添加的滤镜对象，即可在打开的对应滤镜对话框中对该滤镜进行重新编辑。

图 13-20　转换为智能图像

图 13-21　应用智能滤镜

13.3　滤镜库中的滤镜

本节将介绍滤镜库中各种滤镜的使用方法，其中包括风格化、画笔描边、扭曲、素描、纹理和艺术效果 6 个滤镜组。

13.3.1 风格化滤镜组

风格化滤镜组主要通过置换像素和增加图像的对比度，使图像产生印象派及其他风格化的效果。下面以图 13-22 所示的素材图像作为原对象，讲解风格化滤镜组中各滤镜的效果，如表 13-1 所示。

图 13-22　原素材图像

表 13-1　风格化滤镜组

滤镜名称	滤镜功能	滤镜效果
照亮边缘	该滤镜通过查找并标识颜色的边缘，为其增加类似霓虹灯的亮光效果	

滤镜名称	滤镜功能	滤镜效果
查找边缘	使用该滤镜可以找出图像主要色彩的变化区域，使之产生用铅笔勾画过的轮廓效果	
等高线	使用该滤镜可以查找图像的亮区和暗区边界，并对边缘绘制出线条比较细、颜色比较浅的线条效果	
风	使用该滤镜可以模拟风吹效果，为图像添加一些短而细的水平线	
浮雕效果	使用该滤镜可以描边图像，使图像显现出凸起或凹陷效果，并且能将图像的填充色转换为灰色	
扩散	使用该滤镜可以产生透过磨砂玻璃观察图片一样的分离模糊效果	
拼贴	使用该滤镜可以将图像分解为指定数目的方块，并且将这些方块从原来的位置移动一定的距离	
曝光过度	使用该滤镜可以使图像产生正片和负片混合的效果，类似于摄影中增加光线强度产生的曝光过度效果	

滤镜名称	滤镜功能	滤镜效果
凸出	使用该滤镜可使选择区域或图层产生一系列块状或金字塔状的三维纹理	
油画	使用该滤镜可以使图像产生类似于油画的效果	

 知识点滴

菜单命令中的"油画"滤镜呈灰色状态时为不可用。"油画"滤镜在除 RGB 之外的其他颜色空间（如 CMYK、Lab 等）中无法正常工作。且显卡是支持 OpenGL v1.1 或更高版本的升级型显卡时，才能使用"油画"滤镜。

13.3.2　画笔描边滤镜组

画笔描边滤镜组中的滤镜全部位于滤镜库中，在滤镜库对话框中展开"画笔描边"文件夹，可以选择和设置其中的各个滤镜。画笔描边滤镜组中的滤镜，主要用于模拟不同的画笔或油墨笔刷来勾画图像，产生绘画效果。下面以图 13-23 所示的素材图像作为原对象，讲解画笔描边滤镜组中各滤镜的效果，如表 13-2 所示。

图 13-23　原素材图像

表 13-2　画笔描边滤镜组

滤镜名称	滤镜功能	滤镜效果
成角的线条	使用该滤镜可以使图像中的颜色产生倾斜划痕效果，图像中较亮的区域用一个方向的线条绘制，较暗的区域则用相反方向的线条绘制	
墨水轮廓	该滤镜可以产生类似钢笔绘图的风格，用细线条在原图细节上重绘图像	

滤镜名称	滤镜功能	滤镜效果
喷溅	使用该滤镜可以模拟喷枪绘图的工作原理使图像产生喷溅效果	
喷色描边	该滤镜采用图像的主导色，使用成角的、喷溅的颜色增加斜纹飞溅效果	
强化的边缘	该滤镜的作用是强化勾勒图像的边缘	
深色线条	该滤镜是用粗短、绷紧的线条来绘制图像中接近深色的颜色区域，再用细长的白色线条绘制图像中较浅的区域	
烟灰墨	使用该滤镜可以模拟饱含墨汁的湿画笔在宣纸上进行绘制的效果	
阴影线	使用该滤镜将保留原图像的细节和特征，但会使用模拟铅笔阴影线添加纹理，并且色彩区域的边缘会变粗糙	

13.3.3　扭曲滤镜组

扭曲滤镜组主要用于对当前图层或选区内的图像进行各种各样的扭曲变形处理，使图像产生三维或其他变形效果。除了可以在滤镜库中应用玻璃、海洋波纹和扩散亮光等滤镜外，还可以在"滤镜"菜单中应用波浪、极坐标、挤压等其他扭曲滤镜。下面以图 13-24 所示的素材图像作为原对象，讲解扭曲滤镜组中各滤镜的效果，如表 13-3 所示。

图 13-24　原素材图像

表 13-3　扭曲滤镜组

滤镜名称	滤镜功能	滤镜效果
玻璃	使用该滤镜可以为图像添加一种玻璃效果，在对话框中可以设置玻璃的种类，使图像产生像是透过不同类型的玻璃来观看的效果	
海洋波纹	该滤镜可以随机分隔波纹，将其添加到图像表面	
扩散亮光	使用该滤镜能将背景色的光晕添加到图像中较亮的部分，使图像产生一种弥漫的光漫射效果	
波浪	使用该滤镜能模拟图像波动的效果，是一种较复杂、精确的扭曲滤镜，常用于制作一些不规则的扭曲效果	
波纹	使用该滤镜可以模拟水波皱纹效果，常用来制作一些水面倒影图像	
极坐标	使用该滤镜可以使图像产生一种极度变形的效果	
挤压	使用该滤镜可以选择全部图像或部分图像，使选择的图像产生一种向外或向内挤压的变形效果	

Photoshop 2020 图像处理标准教程（全彩版）

滤镜名称	滤镜功能	滤镜效果
切变	通过调节变形曲线，使用该滤镜可以控制图像的弯曲程度	
球面化	使用该滤镜可以通过立体化球形的镜头形态来扭曲图像，得到与"挤压"滤镜相似的图像效果	
水波	使用该滤镜可以模拟水面上产生的漩涡波纹效果	
旋转扭曲	使用该滤镜可以使图像产生顺时针或逆时针旋转效果	
置换	使用该滤镜可以根据另一个 PSD 格式文件的明暗度将当前图像的像素进行移动，使图像产生扭曲的效果，右图所示是使用虎头图像进行置换得到的效果	

13.3.4 素描滤镜组

　　素描滤镜组中的滤镜全部位于滤镜库中，用于在图像中添加各种纹理，使图像产生素描、三维及速写的艺术效果。下面以图 13-25 所示的素材图像作为原对象，讲解素描滤镜组中各滤镜的效果，如表 13-4 所示。

图 13-25　原素材图像

表 13-4　素描滤镜组

滤镜名称	滤镜功能	滤镜效果
半调图案	使用该滤镜可以使用前景色显示凸显中的阴影部分，使用背景色显示高光部分，让图像产生一种网板图案效果	
便条纸	使用该滤镜可以模拟出凹陷压印图案，使图像产生草纸画效果	
粉笔和炭笔	该滤镜主要是使用前景色和背景色来重绘图像，使图像产生被粉笔和炭笔涂抹的草图效果	
铬黄渐变	使用该滤镜可以使图像产生液态金属效果，原图像的颜色会完全丢失	
绘图笔	该滤镜使用精细的、具有一定方向的油墨线条重绘图像效果。该滤镜对油墨使用前景色，较亮的区域使用背景色	
基底凸现	使用该滤镜可以使图像产生一种粗糙的浮雕效果	
石膏效果	使用该滤镜可以在图像上产生黑白浮雕图像效果，该滤镜效果的黑白对比较明显	
水彩画纸	使用该滤镜可以在图像上产生水彩效果，就好像是绘制在潮湿的纤维纸上，具有颜色溢出、混合的渗透效果	

Photoshop 2020 图像处理标准教程（全彩版）

滤镜名称	滤镜功能	滤镜效果
撕边	该滤镜适用于高对比度图像，可以模拟出撕破的纸片效果	
炭笔	使用该滤镜可以在图像中创建海报化、涂抹的效果。图像中主要的边缘用粗线绘制，中间色调用对角线素描，其中碳笔使用前景色，纸张使用背景色	
炭精笔	该滤镜可以模拟使用炭精笔绘制图像的效果，在暗区使用前景色绘制，在亮区使用背景色绘制	
图章	该滤镜可以使图像简化、突出主体，看起来好像是用橡皮和木制图章盖上去一样。该滤镜最适用于黑白图像	
网状	该滤镜可以模拟胶片感光乳剂的受控收缩和扭曲的效果，使图像的暗色调区域好像被结块，高光区域好像被颗粒化	
影印	该滤镜用于模拟图像影印的效果	

13.3.5 纹理滤镜组

纹理滤镜组中的滤镜全部位于滤镜库中，使用该组滤镜可以为图像添加各种纹理效果，使图像具有深度感和材质感。下面以图 13-26 所示的素材图像作为原对象，讲解纹理滤镜组中各滤镜的效果，如表 13-5 所示。

图 13-26　原素材图像

表 13-5　纹理滤镜组

滤镜名称	滤镜功能	滤镜效果
龟裂缝	使用该滤镜可以在图像中随机绘制出一个高凸现的龟裂纹理，并且产生浮雕效果	
颗粒	该滤镜可以模拟不同种类的颗粒纹理，并将其添加到图像中	
马赛克拼贴	使用该滤镜可以在图像表面产生不规则、类似马赛克的拼贴效果	
拼缀图	使用该滤镜可以自动将图像分割成多个规则的矩形块，并且每个矩形块内填充单一的颜色，从而模拟出瓷砖拼贴的图像效果	
染色玻璃	该滤镜可以模拟出透过花玻璃看图像的效果，并且使用前景色勾画单色的相邻单元格	
纹理化	使用该滤镜可以为图像添加预设的纹理或者自己创建的纹理效果	

13.3.6　艺术效果滤镜组

　　艺术效果滤镜组中的滤镜全部位于滤镜库中，用于模仿自然或传统绘画手法的途径，将图像制作成天然或传统的艺术图像效果。下面以图 13-27 所示的素材图像作为原对象，讲解艺术效果滤镜组中各滤镜的效果，如表 13-6 所示。

图 13-27　原素材图像

表 13-6　艺术效果滤镜组

滤镜名称	滤镜功能	滤镜效果
壁画	该滤镜主要通过短、圆和潦草的斑点来模拟粗糙的绘画风格	
彩色铅笔	该滤镜将模拟彩色铅笔在纯色背景上绘制图像，并且保留重要边缘，外观呈现粗糙阴影线	
粗糙蜡笔	使用该滤镜可以模拟蜡笔在纹理背景上绘图时的效果，从而生成一种纹理浮雕效果	
底纹效果	使用该滤镜可以模拟在带纹理的底图上绘画的效果，从而使整个图像产生一层底纹效果	
干画笔	使用该滤镜可以模拟使用干画笔绘制图像边缘的效果，该滤镜通过将图像的颜色范围减少为常用颜色区来简化图像	
海报边缘	使用该滤镜将减少图像中的颜色复杂度，在颜色变化大的区域边界填上黑色，使图像产生海报画的效果	
海绵	使用该滤镜可以模拟海绵在图像上划过的效果，使图像带有强烈的对比色纹理	

Photoshop 2020 图像处理标准教程（全彩版）

滤镜名称	滤镜功能	滤镜效果
绘画涂抹	使用该滤镜可以选取各种大小和各种类型的画笔来创建画笔涂抹效果	
胶片颗粒	使用该滤镜可以在图像表面产生胶片颗粒状纹理效果	
木刻	使用该滤镜可以使图像产生木雕画效果。对比度较强的图像使用该滤镜将呈剪影状，而一般彩色图像使用该滤镜则呈现彩色剪纸状	
霓虹灯光	使用该滤镜可以使图像中颜色对比反差较大的边缘处产生类似霓虹灯发光效果，单击发光颜色后面的色块可以在打开的对话框中设置霓虹灯颜色	
水彩	使用该滤镜可以简化图像细节，并模拟使用水彩笔在图纸上绘画的效果	
塑料包装	使用该滤镜可以使图像表面产生类似透明塑料袋包裹物体时的效果，表面细节很突出	
调色刀	使用该滤镜可以使图像中的细节减少，图像产生薄薄的画布效果，露出下面的纹理	

滤镜名称	滤镜功能	滤镜效果
涂抹棒	该滤镜可以使用短的对角线涂抹图像的较暗区域来柔和图像，可增大图像的对比度	

13.4 其他滤镜的应用

除了滤镜库中的滤镜外，在 Photoshop 的"滤镜"菜单中还有很多其他滤镜，其中有些带有参数设置对话框，有些则不带有对话框。下面对其中常用的滤镜分别进行介绍。

13.4.1 模糊滤镜组

使用模糊滤镜可以让图像相邻像素间的过渡平滑，从而使图像变得更加柔和。模糊滤镜组都存放在"滤镜"菜单中，大部分模糊滤镜都有独立的对话框。下面以图 13-28 所示的素材图像作为原对象，讲解模糊滤镜组中各滤镜的效果，如表 13-7 所示。

图 13-28　原素材图像

表 13-7　模糊滤镜组

滤镜名称	滤镜功能	滤镜效果
表面模糊	使用该滤镜在模糊图像的同时，还会保留原图像的边缘	
模糊 进一步模糊	使用"模糊"滤镜可以对图像的边缘进行模糊处理。 "模糊"滤镜的模糊效果与"进一步模糊"滤镜的效果相似，但要比"进一步模糊"滤镜的效果弱一些	
动感模糊	该滤镜可以使静态图像产生运动的模糊效果，其实就是通过对某一方向上的像素进行线性位移来产生运动的模糊效果	

滤镜名称	滤镜功能	滤镜效果
方框模糊	使用该滤镜可以在图像中使用邻近像素颜色的平均值来模糊图像	
高斯模糊	使用该滤镜可以对图像进行模糊处理，根据高斯曲线调节图像像素色值	
径向模糊	使用该滤镜可以模拟出前后移动图像或旋转图像产生的模糊效果，制作出的模糊效果很柔和	
镜头模糊	使用该滤镜可以使图像模拟摄像时镜头抖动产生的模糊效果	
形状模糊 平均模糊 特殊模糊	"形状模糊"滤镜是根据对话框中预设的形状来创建模糊效果。 选择"平均模糊"滤镜后，系统会自动查找图像或选区的平均颜色进行模糊处理。一般情况下图像将变成一片单一的颜色。 "特殊模糊"滤镜主要用于对图像进行精确模糊，是唯一不模糊图像轮廓的模糊方式	

13.4.2 模糊画廊滤镜组

模糊画廊滤镜组中包含了"场景模糊""光圈模糊""移轴模糊""路径模糊"和"旋转模糊"5种特殊的模糊滤镜。下面以图 13-29 所示的素材图像作为原对象，讲解模糊画廊滤镜组中各滤镜的效果，如表 13-8 所示。

图 13-29　原素材图像

Photoshop 2020 图像处理标准教程（全彩版）

表 13-8　模糊画廊滤镜组

滤镜名称	滤镜功能	滤镜效果
场景模糊	选择该滤镜后，用户可以在图像中添加图钉，添加图钉的位置可以让周围的图像进入模糊编辑状态	
光圈模糊	使用该滤镜能够模拟相机的浅景深效果，给照片添加背景虚化，用户可在画面中设置保持清晰的位置，以及虚化范围和程度等参数	
移轴模糊	选择该滤镜后，用户可以在图像中添加图钉，其中的几条直线用于控制模糊的范围，越在直线以内的图像越清晰	
路径模糊	选择该滤镜后，用户可以在图像中添加图钉并编辑路径，再设置参数，得到适应路径形状的模糊效果	
旋转模糊	选择该滤镜后，用户可以在图像中添加图钉，调整图钉周围的圆圈大小，再设置参数，得到圆形旋转的模糊效果	

13.4.3　像素化滤镜组

像素化滤镜组可以将图像转换成由平面色块组成的图案，使图像分块或平面化，通过不同的设置达到截然不同的效果。下面以图 13-30 所示的素材图像作为原对象，讲解像素化滤镜组中各滤镜的效果，如表 13-9 所示。

图 13-30　原素材图像

表 13-9　像素化滤镜组

滤镜名称	滤镜功能	滤镜效果
彩块化	使用该滤镜可以使图像中纯色或相似颜色的像素结成相近颜色的像素块，从而使图像产生类似宝石刻画的效果，该滤镜没有参数设置对话框，直接使用即可，使用后的凸显效果比原图更模糊	
彩色半调	该滤镜可以将图像分成矩形栅格，从而使图像产生彩色半色调的网点。对于图像中的每个通道，该滤镜用小矩形将图像分割，并用圆形图像替换矩形图像，圆形的大小与矩形的亮度成正比	
点状化	该滤镜将图像中的颜色分解为随机分布的网点，并使用背景色填充空白处	
晶格化	该滤镜可以将图像中的像素结块为纯色的多边形	
马赛克	该滤镜可以使图像中的像素形成方形块，并且使方形块中的颜色统一	
碎片	使用该滤镜可以将图像的像素复制 4 倍，然后将它们平均移位并降低不透明度，从而产生模糊效果	

滤镜名称	滤镜功能	滤镜效果
铜版雕刻	使用该滤镜可以在图像中随机分布各种不规则的线条和斑点，在图像中产生镂刻的版画效果	

13.4.4 杂色滤镜组

杂色滤镜组可以在图像中添加彩色或单色杂点效果，或者将图像中的杂色移去。该组滤镜对图像有优化的作用，因此在输出图像的时候经常使用。下面以图 13-31 所示的素材图像作为原对象，讲解杂色滤镜组中各滤镜的效果，如表 13-10 所示。

图 13-31　原素材图像

表 13-10　杂色滤镜组

滤镜名称	滤镜功能	滤镜效果
去斑	该滤镜可以检测图像边缘并模糊其他图像区域，从而达到掩饰图像中细小斑点、消除轻微折痕的效果。该滤镜无参数设置对话框，产生的滤镜效果并不明显	
蒙尘与划痕	该滤镜是通过将图像中有缺陷的像素融入周围的像素，使图像产生柔和的效果	
减少杂色	该滤镜可以在保留图像边缘的同时减少图像中各个通道中的杂色，它具有比较智能化的减少杂色的功能	

滤镜名称	滤镜功能	滤镜效果
添加杂色	该滤镜可以在图像上添加随机像素，在对话框中可以设置添加杂色为单色或彩色	
中间值	该滤镜主要用于混合图像中像素的亮度，以减少图像中的杂色。该滤镜对于消除或减少图像中的动感效果非常有用	

13.4.5　渲染滤镜组

　　渲染滤镜组提供了 7 种滤镜，主要用于创建不同的火焰、边框、云彩、镜头光晕、光照效果等。下面以图 13-32 所示的素材图像作为原对象，讲解渲染滤镜组中各滤镜的效果，如表 13-11 所示。

图 13-32　原素材图像

表 13-11　渲染滤镜组

滤镜名称	滤镜功能	滤镜效果
云彩 分层云彩	"分层云彩"滤镜和"云彩"滤镜类似，都是使用前景色和背景色随机产生云彩图案，区别在于"分层云彩"滤镜生成的云彩图案不会替换原图，而是按差值模式与原图混合	
光照效果	该滤镜可以对平面图像产生类似三维光照的效果，选择该命令后，将直接进入"属性"面板，在其中可以设置各选项参数	
镜头光晕	该滤镜可以模拟出照相机镜头产生的折射光效果	

滤镜名称	滤镜功能	滤镜效果
纤维	该滤镜可以使用前景色和背景色创建出编辑纤维的图像效果	
火焰	使用该滤镜前需要创建一条路径，选择该滤镜可以打开"火焰"对话框，然后设置火焰参数，即可沿着路径创建燃烧的火焰效果	
图片框	使用该滤镜可以打开"图案"对话框，在该对话框中可以选择预设的图案，在图像周边创建相应的边框效果	
树	使用该滤镜可以打开"树"对话框，在该对话框中可以选择树的种类，即可在图像中创建一棵相应的树	

13.4.6 锐化滤镜组

锐化滤镜组通过增加相邻图像像素的对比度，使模糊的图像变得清晰，画面更加鲜明、细腻。

1. 锐化和进一步锐化

"锐化"滤镜可增加图像像素间的对比度，使图像更清晰；而"进一步锐化"滤镜和"锐化"滤镜功效相似，只是锐化效果更加强烈。

2. 锐化边缘

"锐化边缘"滤镜将查找图像中颜色发生显著变化的区域并对其进行锐化。

3. USM 锐化

使用"USM 锐化"滤镜将在图像中相邻像素之间增大对比度，使图像边缘清晰。选择"USM 锐化"命令，打开"USM 锐化"对话框，在其中可以设置锐化的参数，如图 13-33 所示。

4. 智能锐化

"智能锐化"滤镜比"USM 锐化"滤镜更加智能化。可以设置锐化算法或控制在阴影和高光区域中进行的锐化量，以获得更好的边缘检测并减少锐化晕圈。选择"智能锐化"命令，打开"智能锐化"对话框，设置参数后可以在其左侧的预览框中查看图像效果。展开"阴影"和"高光"选项组，可以设置阴影和高光参数，如图 13-34 所示。

图 13-33　设置锐化参数

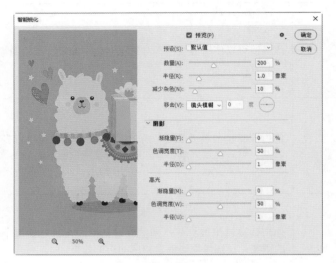

图 13-34　"智能锐化"对话框

13.5　课堂案例：制作冰雕图像

课堂案例：制作冰雕图像	
文件路径	第 13 章 \ 冰雕图像
技术掌握	滤镜的操作

案例效果

本节将应用本章所学的知识，制作冰雕图像，主要练习滤镜在图像中的应用，以及颜色的调整。本案例的效果如图 13-35 所示。

图 13-35　案例效果

操作步骤

01 打开"海豚.psd"图像文件，可以在"图层"面板中观察到海豚为单独的一个图层，如图 13-36 所示。

图 13-36　素材图像

02 选择"海豚"图层，选择"图层"|"新建"|"通过拷贝的图层"命令，复制"海豚"图层为"海豚拷贝"图层，如图 13-37 所示。

03 选择"海豚拷贝"图层，选择"滤镜"|"模糊"|"高斯模糊"命令，打开"高斯模糊"对话框，设置"半径"为 2 像素，如图 13-38 所示。

图 13-37　复制图层

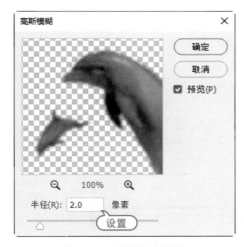

图 13-38　设置高斯模糊

04 单击"确定"按钮，得到海豚的模糊效果，如图 13-39 所示。

图 13-39　模糊图像效果

05 选择"滤镜"|"滤镜库"命令，在打开的"滤镜库"对话框中选择"风格化"|"照亮边缘"滤镜，设置"边缘宽度"为 4，"边缘亮度"为 10，"平滑度"为 7，如图 13-40 所示。

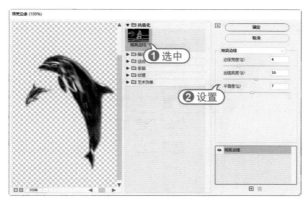

图 13-40　设置照亮边缘

06 单击"确定"按钮回到画面中，将"海豚拷贝"的图层混合模式设置为"色相"，效果如图 13-41 所示。

图 13-41　照亮边缘效果

07 复制"海豚"图层，得到"海豚拷贝 2"，并将其放到图层的最上方，如图 13-42 所示。

图 13-42　复制图层

08 打开"滤镜库"对话框，选择"素描"|"铬黄渐变"滤镜，设置"细节"为 4，"平滑度"为 7，如图 13-43 所示。

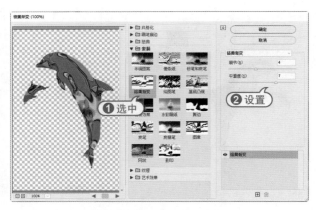

图 13-43　设置铬黄渐变

09 单击"确定"按钮回到画面中，设置"海豚拷贝2"的图层混合模式为"叠加"，图像效果如图 13-44 所示。

图 13-44　图像混合效果

10 选择"海豚"图层，选择"图像"|"调整"|"色相/饱和度"命令，在"色相/饱和度"对话框中选中"着色"复选框，然后设置各项参数如图 13-45 所示。

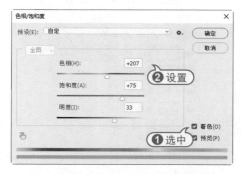

图 13-45　"色相/饱和度"对话框

11 单击"确定"按钮，得到调整颜色后的图像，如图 13-46 所示。

图 13-46　调整颜色后的图像

12 选择"海豚拷贝"图层，选择"图像"|"调整"|"色相/饱和度"命令，同样调整参数为图像着色，如图 13-47 所示。

图 13-47　为图像着色

13 单击"确定"按钮，海豚图像呈现出蓝色调，如图 13-48 所示。

图 13-48　图像效果

14 选择"海豚"图层，按下 Ctrl＋J 组合键得到"海豚拷贝3"，将复制的图层放到"图层"面板的最上层，设置其图层混合模式为"强光"，得到冰雕图像效果，如图 13-49 所示。

图 13-49 冰雕图像效果

15 打开图像"水珠.psd",使用移动工具将水珠图像拖曳到当前编辑的图像中,设置图层混合模式为"滤色",如图 13-50 所示,适当调整图像大小,放到海豚图像下方,效果如图 13-51 所示。

图 13-50 设置图层混合模式

图 13-51 加入水珠图像

16 选择画笔工具 ✐,打开画笔设置面板,选择"样本笔尖"笔触,设置画笔大小为 50 像素,如图 13-52 所示。

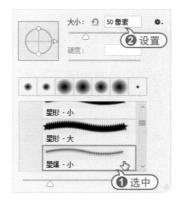

图 13-52 选择画笔样式

17 新建一个图层,设置前景色为白色,在海豚图像头部的同一位置多次单击,得到光点图像,完成本案例的制作,效果如图 13-53 所示。

图 13-53 绘制光点图像

13.6 高手解答

问:何为智能滤镜?其作用是什么?
答:应用于智能对象的任何滤镜都是智能滤镜,使用智能滤镜可以对已经设置好的滤镜效果重新编辑。
问:使用滤镜时需要注意哪些问题?

答：使用滤镜时需要注意以下几个问题。

一、滤镜不能应用于位图模式、索引颜色以及 16 位通道图像。并且某些滤镜功能只能用于 RGB 图像模式，而不能用于 CMYK 图像模式，用户可以通过"图像"|"模式"菜单中的命令将其他模式转换为 RGB 模式。

二、滤镜是以像素为单位对图像进行处理的。因此，在对不同像素的图像应用相同参数的滤镜时，所产生的效果也会不同。

三、在对分辨率较高的图像文件应用某些滤镜功能时，会占用较多的内存空间，从而造成计算机的运行速度缓慢或停止响应。

问：将某些效果不明显的滤镜应用到图像上时，如何增加滤镜的效果？

答：可以通过多次应用某种滤镜来增强该滤镜的效果。对图像应用滤镜后，按 Alt+Ctrl+F 组合键即可再次应用该滤镜。

读书笔记

第14章 图像自动化处理与打印输出

　　使用 Photoshop 中的动作可以对一个或多个文件执行一系列操作,可以记录执行过的操作,然后快速地对某个文件进行指定的操作或者对一批文件进行相同的处理。使用图像自动化处理功能不仅能够确保操作的一致性,还可以避免重复的操作步骤,从而提高工作效率。本章将学习动作及批处理图像的操作方法,以及图像打印输出的相关知识。

练习实例:新建调色动作

练习实例:新建常用动作组　　　　　　　　　　练习实例:对多个图像进行批处理
练习实例:在图像上应用动作
练习实例:添加动作项目

14.1 应用"动作"面板

在 Photoshop 中，动作就是对单个文件或一批文件执行一系列命令的操作。在"动作"面板中可以创建、录制和播放动作。

● 14.1.1 新建动作

在 Photoshop 中，大多数命令和工具操作都可以记录在动作中，用户可以在"动作"面板中新建一些动作，以方便以后使用。选择"窗口"|"动作"命令，打开"动作"面板，在该面板中可以快速地使用一些已经设定的动作，也可以新建一些自己设定的动作，如图 14-1 所示。

图 14-1　"动作"面板

"动作"面板中各个工具按钮的作用如下。

- 停止播放/记录■：单击该按钮，将停止动作的播放或记录。
- 开始记录●：单击该按钮，开始录制动作。
- 播放选定的动作▶：单击该按钮，可以播放所选的动作。
- 创建新动作▣：单击该按钮，将弹出一个对话框，用于创建新的动作。
- 创建新组▢：单击该按钮，将弹出一个对话框，用于新建一个动作组。
- 删除▥：单击该按钮，将弹出一个对话框，提示用户是否要删除所选的动作。
- ✔按钮，用于切换项目开关。
- ▣按钮，用于控制当前所执行的命令是否需要弹出对话框。

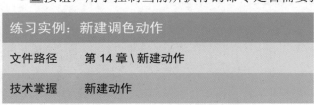

练习实例：新建调色动作	
文件路径	第 14 章 \ 新建动作
技术掌握	新建动作

01 打开任意一幅素材图像。然后打开"动作"面板，单击"动作"面板下方的"创建新动作"按钮 ▣，如图 14-2 所示。

图 14-2　单击"创建新动作"按钮

02 在打开的"新建动作"对话框中为动作命名，然后单击"记录"按钮，如图 14-3 所示，即可在"动作"面板中新建一个动作，并开始录制接下来的操作，如图 14-4 所示。

图 14-3　"新建动作"对话框　　图 14-4　生成新动作

03 选择"图像"|"调整"|"色彩平衡"命令，打开"色彩平衡"对话框，为图像添加红色和黄色，为其增加暖色调并确定，如图 14-5 所示。

04 在"动作"面板中将自动记录下调整图像色彩平衡的操作，如图 14-6 所示。

图 14-5　调整色彩　　　　　　　图 14-6　记录操作

05 选择"文件"|"存储"和"文件"|"关闭"命令，在"动作"面板中将继续记录下保存和关闭文件的操作，如图 14-7 所示。

06 单击"停止播放/记录"按钮■，即可停止并完成操作录制，如图 14-8 所示。

图 14-7　记录操作　　　　　　图 14-8　停止并完成记录

14.1.2　新建动作组

当"动作"面板中的动作过多时，为了方便对动作进行查找和使用，用户可以创建一个动作组来对动作进行分类管理。

练习实例：新建常用动作组	
文件路径	第 14 章 \ 新建动作组
技术掌握	新建动作组

01 打开任意一幅素材图像。打开"动作"面板，单击"动作"面板底部的"创建新组"按钮▢，如图 14-9 所示。

图 14-9　单击"创建新组"按钮

02 在打开的"新建组"对话框中对新建组进行命名，如图 14-10 所示。单击"确定"按钮，即可在"动作"面板中创建一个相应的新动作组，如图 14-11 所示。

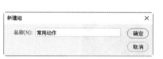

图 14-10　"新建组"对话框　　　图 14-11　新建动作组

03 单击"动作"面板下方的"创建新动作"按钮▢，在打开的"新建动作"对话框中为动作命名，然后单击"记录"按钮，如图 14-12 所示。即可在当前动作组中新建一个动作，如图 14-13 所示。

图 14-12　"新建动作"对话框　　图 14-13　创建新动作

04 选择"图像"|"图像大小"命令，对图像大小进行调整，在"动作"面板中将录制调整图像大小的操作，如图 14-14 所示。

05 单击"停止播放 / 记录"按钮■，即可停止并完成操作录制。

06 选择前面创建的"动作 1"动作，然后将其拖动到新建的动作组中，可以将其放在该动作组中进行管理，如图 14-15 所示。

图 14-14　录制操作　　　图 14-15　重新管理动作

14.1.3　应用动作

在"动作"面板中选择一种动作后，可以将该动作中的操作应用到其他图像上；也可以在创建并录制好动作后，将该动作中的操作应用到其他的图像上。

练习实例：在图像上应用动作	
文件路径	第 14 章 \ 应用动作
技术掌握	应用动作

01 打开"火焰.jpg"图像文件，将其作为需要应用动作的图像，如图 14-16 所示。

图 14-16　打开素材图像

02 打开"动作"面板，在其中选择"渐变映射"作为需要应用到该图像上的动作，然后单击"播放选定的动作"按钮▶，如图 14-17 所示，即可将该

动作应用到当前图像上，效果如图 14-18 所示。

图 14-17　选择并应用动作

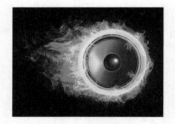

图 14-18　应用动作后的效果

14.2　编辑动作

在创建和记录新的动作后，用户还可以根据处理图像的需要，对这些动作中的操作进行重新编辑。

14.2.1　添加动作项目

在完成动作的创建和记录后，用户可以在"动作"面板中使用"插入菜单项目"命令，在指定的动作中添加动作项目。

练习实例：添加动作项目	
文件路径	第 14 章 \ 添加动作
技术掌握	添加动作

01 打开任意一幅素材图像，然后打开"动作"面板，选择前面创建的"调整色彩"动作，如图 14-19 所示。

02 单击"动作"面板右上角的 ▤ 按钮，在弹出的菜单中选择"插入菜单项目"命令，如图 14-20 所示。

图 14-21 "插入菜单项目"对话框

图 14-22 添加"色相 / 饱和度"项目

05 单击"确定"按钮，即可将"色相 / 饱和度"项目插入当前动作中，拖动该动作将其移到"色彩平衡"项目下方，如图 14-23 所示。

06 双击"动作"面板中的"色相 / 饱和度"选项，打开"色相 / 饱和度"对话框，在其中可以进行色相与饱和度的编辑，然后单击"确定"按钮，完成动作项目的添加，如图 14-24 所示。

图 14-19 选择动作　　　图 14-20 选择命令

03 打开"插入菜单项目"对话框，并保持对话框的显示状态，如图 14-21 所示。

04 选择"图像"|"调整"|"色相 / 饱和度"命令，此时在"插入菜单项目"对话框将显示添加的"色相 / 饱和度"项目，如图 14-22 所示。

图 14-23 插入动作项目　　　图 14-24 编辑动作项目

14.2.2 复制动作

当用户对整个操作过程录制完成后，还可以在"动作"面板中对动作进行复制。选择需要复制的动作，按住鼠标左键将该动作拖至"创建新动作"按钮 ⊞ 上，如图 14-25 所示。然后松开鼠标，即可在"动作"面板中得到所复制的动作，如图 14-26 所示。

图 14-25 拖动要复制的动作　　　图 14-26 复制的动作

完成动作的录制后，如果发现有不需要的动作，可以在"动作"面板中将该动作删除。在"动作"面板中选择需要删除的动作，然后单击面板底部的"删除"按钮 🗑，在弹出的提示对话框中单击"确定"按钮即可将该动作删除。

14.3 批处理图像

Photoshop 提供的自动批处理功能，允许用户对某个文件夹中的所有文件按批次输入并自动执行动作，这给用户带来了极大的方便，也大幅度地提高了处理图像的效率。

选择"文件"|"自动"|"批处理"命令，打开"批处理"对话框。在该对话框中可以设置批处理对象的位置和结果，如图 14-27 所示。

"批处理"对话框中常用选项的作用如下。

● 组：在该下拉列表框中可以选择需要执行的动作所在的组。

● 动作：选择所要应用的动作。

● 源：用于选择批处理图像文件的来源。

● 目标：用于选择处理文件的目标。选择"无"

图 14-27 "批处理"对话框

选项，表示不对处理后的文件做任何操作；选择"存储并关闭"选项，可将文件保存到原来的位置，并覆盖原文件；选择"文件夹"选项，然后单击下面的"选择"按钮，可以选择目标文件所保存的位置。

● 文件命名：在"文件命名"选项组中的 6 个下拉列表框中，可以指定目标文件生成的命名规则。

● 错误：在该下拉列表框中可指定出现操作错误时的处理方式。

练习实例：对多个图像进行批处理	
文件路径	第 14 章 \ 批处理
技术掌握	批处理图像

01 将需要批处理的图像存放在一个文件夹(如"批处理图像")内。

02 创建一个用于存储批处理素材图像的文件夹(如"批处理结果")。

03 选择"文件"|"自动"|"批处理"命令，打开"批处理"对话框，选择"默认动作"组中的"四分颜色"动作，如图 14-28 所示。

04 在"源"选项组中单击"选择"按钮，在弹出的对话框中选择需要处理的图像文件夹，选择的文件夹如图 14-29 所示。

图 14-28 选择批处理的动作

图 14-29 选择源文件的位置

05 单击"目标"右侧的下拉按钮，在其下拉列表框中选择"文件夹"，然后单击"选择"按钮，在弹出的对话框中选择存储批处理图像结果的文件夹，选择的文件夹如图 14-30 所示。

图 14-30　设置目标文件夹

06 设置好选项后，单击"确定"按钮，然后逐一将处理的文件进行保存。

07 打开用于存储目标文件的文件夹，即可查看批处理后的文件，如图 14-31 所示。

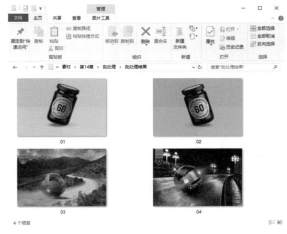

图 14-31　批处理后的文件

14.4　打印输出

完成作品的创作后，应根据作品的最终用途对其进行打印输出，要将图像打印输出到纸张上，还需要做好图像的印前准备。

14.4.1　图像的印前准备

图像的印前准备通常包括色彩校准、分色与打样。

1.　色彩校准

如果显示器显示的颜色有偏差或者打印机在打印图像时造成的图像颜色有偏差，将导致印刷后的图像色彩与在显示器中所看到的色彩不一致。因此，图像的色彩校准是印前处理工作中不可缺少的一步。

色彩校准包括显示器色彩校准、打印机色彩校准和图像色彩校准。

- 显示器色彩校准：如果同一个图像文件的颜色在不同的显示器或不同时间在显示器上的显示效果不一致，就需要对显示器进行色彩校准。有些显示器自带色彩校准软件，如果没有自带，用户可以手动调节显示器的色彩。

- 打印机色彩校准：在显示器上看到的颜色和用打印机打印到纸张上的颜色一般不能完全匹配，这主要是因为计算机产生颜色的方式和打印机在纸上产生颜色的方式不同。要让打印机输出的颜色和显示器上的颜色接近，设置好打印机的色彩管理参数和调整彩色打印机的偏色规律是一个重要途径。

- 图像色彩校准：图像色彩校准主要是指图像设计人员在制作过程中或制作完成后对图像的颜色进行校准。当用户指定某种颜色后，在进行某些操作后颜色有可能发生变化，这时就需要检查图像的颜色与当时设置的 CMYK 颜色值是否相同，如果不同，可以通过"拾色器"对话框调整图像颜色。

2.　分色与打样

图像在印刷之前，必须进行分色与打样，这也是印前处理的重要步骤。

● 分色：是指在输出中心将原稿上的各种颜色分解为黄、品红、青、黑 4 种原色颜色，在计算机印刷设计或平面设计软件中，分色工作就是将扫描图像或其他来源图像的色彩模式转换为 CMYK 模式。

● 打样：印刷厂在印刷之前，必须将所交付印刷的作品交给出片中心进行出片。输出中心先将 CMYK 模式的图像进行青色、品红、黄色和黑色 4 种胶片分色，再进行打样，从而检验制版阶调与色调能否取得良好的再现，并将复制再现的误差及应达到的数据标准提供给制版部门，作为修正或再次制版的依据。打样校正无误后，再交付印刷中心进行制版、印刷。

14.4.2　图像打印的基本设置

在打印图像之前需要对打印参数进行设置。选择"文件"|"打印"命令，打开"Photoshop 打印设置"对话框。在该对话框中可以对打印设备、打印份数、输出选项进行设置，还可以预览打印的效果，如图 14-32 所示。

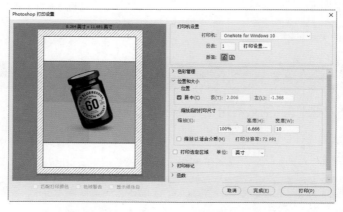

图 14-32　"Photoshop 打印设置"对话框

该对话框中主要选项的作用如下。

● 打印机：在右方的下拉列表中可以选择打印机。

● 份数：设置要打印的份数。

● 打印设置：单击该按钮，可以打开用于设置纸张的方向、页面的打印顺序和打印页数的对话框。

● 版面：单击"纵向打印纸张"按钮📄或"横向打印纸张"按钮📄，可将纸张方向设置为横向或纵向。

● 位置：选中"居中"复选框，可以将图像定位于可打印区域的中心；取消选中该复选框，可以在"顶"和"左"文本框中输入数值来定位图像的位置，也可以在预览区域中通过移动图像进行自由定位，从而打印部分图像。

● 缩放后的打印尺寸：如果选中"缩放以适合介质"复选框，可以将图像自动缩放到适合纸张的可打印区域；如果取消选中该复选框，可以在"缩放"文本框中输入图像的缩放比例，或在"高度"和"宽度"文本框中设置图像的尺寸。

● 打印选定区域：选中该复选框，可以启用对话框中的裁剪控制功能，通过调整定界框来移动或缩放图像。

第15章 综合案例

    Photoshop 主要应用于图像的处理、视觉创意和平面设计等领域。只要熟练掌握了 Photoshop 的具体操作方法，就可以将其应用到实际的工作中。本章将通过制作综合案例对前面所学的知识进行巩固和运用，帮助读者掌握 Photoshop 在实际工作中的应用，并达到举一反三的效果。

综合案例：房地产平面广告设计   综合案例：甜品店海报设计

15.1 房地产平面广告设计

综合案例：	房地产平面广告设计
文件路径	第 15 章 \ 房地产平面广告
技术掌握	平面广告设计的综合应用

案例效果

在平面广告设计中，房地产广告的设计需要体现出该楼盘的品位，所以在设计之初，就应该给楼盘一个具体定位，有针对性地来设计广告，选择合适的素材，才能制作出符合要求的广告画面。本案例将以项目开盘为例，介绍房地产广告设计的具体操作，案例完成后的效果如图 15-1 所示。

图 15-1　案例效果

案例分析

在制作本案例平面广告设计图的过程中所涉及的图像对象比较多，因此在操作中，需要注意以下几点。

01 收集所需的素材，以便在设计操作中使用。

02 当图层过多时，还应对相同类型的图层进行编组，以便在编辑图像时进行对象的查找。

03 在绘制图像时，应根据需要合理地选用选区工具、矢量工具或路径工具，快速准确地绘制所需要的图像。

操作过程

01 选择"文件"|"新建"命令，打开"新建文档"对话框，在对话框右侧设置文件的名称、高度和宽度等参数，如图 15-2 所示。

02 打开"丝绸.jpg"素材图像，选择移动工具将其拖曳到新建文件中，按 Ctrl+T 组合键适当调整图像大小，使其布满整个画面，如图 15-3 所示。

图 15-2　新建图像　　　　图 15-3　添加素材图像

03 新建一个图层，设置前景色为深红色 (R81,G30,B16)，按 Alt+Delete 组合键填充背景，并将图层混合模式设置为"正片叠底"、不透明度为 60%，如图 15-4 所示。得到的图像效果如图 15-5 所示。

图 15-4　设置图层属性　　　图 15-5　图像效果

04 设置前景色为黑色，选择画笔工具 ✎，在属性栏中设置笔触为柔角，不透明度为 30%，在画面中绘制出透明的灰色图像，压制住丝绸中的高光图像，如图 15-6 所示。

05 打开"光带.psd"素材图像，使用移动工具将其拖曳到当前编辑的图像中，适当调整图像大小，放到画面下方，如图 15-7 所示。

图 15-6　绘制图像　　　图 15-7　添加素材图像

06 打开"漏斗.psd"素材图像，使用移动工具将其拖曳过来，放到图像上方，如图 15-8 所示。

07 选择橡皮擦工具，对漏斗图像的下方进行擦除，效果如图 15-9 所示。

图 15-8　添加漏斗图像　　　图 15-9　擦除图像

08 新建一个图层，设置前景色为土黄色 (R229,G188,B102)，选择画笔工具，在漏斗图像的交界处绘制黄色图像，如图 15-10 所示。

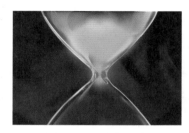

图 15-10　绘制图像

09 将该图层放到漏斗图像所在图层的上方，并设置图层混合模式为"颜色"，如图 15-11 所示。得到的图像效果如图 15-12 所示。

图 15-11　设置图层混合模式　　图 15-12　图像效果

10 打开"X 光线.psd"素材图像，将其移动过来，放到漏斗图像中，设置图层混合模式为"滤色"，效果如图 15-13 所示。

11 打开"沙子.psd"素材图像，使用移动工具将其拖曳过来，将光斑放到漏斗中间，并设置其图层混合模式为"变亮"，再将沙子图像放到漏斗的下半部分图像中，如图 15-14 所示。

图 15-13　添加光线图像　　　图 15-14　添加其他素材

12 打开"建筑.psd"素材图像，使用移动工具将整个图层组拖曳过来，放到漏斗图像的上方，如图15-15 所示。

13 选择横排文字工具，在沙漏图像的下方输入一行文字"荣耀绽放"，在属性栏中设置字体为禹卫书法行书简体，填充为任意颜色，效果如图 15-16 所示。

图 15-15　添加建筑图像　　图 15-16　添加并设置文字

14 打开"底纹.psd"素材图像，使用移动工具将其拖曳过来，放到文字中，覆盖整个文字，如图15-17 所示。

15 选择"图层"|"创建剪贴图层"命令，将底纹转换为剪贴图层，使其嵌入文字中，效果如图15-18 所示。

图 15-17　添加底纹图像　　图 15-18　创建剪贴图层

16 使用横排和直排文字工具在图像中输入其他广告文字，参照如图 15-19 所示的样式设置文字属性并排列文字。

图 15-19　添加并设置其他文字

17 选择矩形工具 □，在属性栏中选择工具模式为"形状"，描边类型为"纯色"，选择淡黄色(R251,G175,B93)，宽度为 3 像素，如图 15-20 所示。

图 15-20　设置描边属性

18 在图像右上方的文字中绘制一个描边矩形，然后选择矩形选框工具在该矩形中绘制一个矩形选区，如图 15-21 所示。

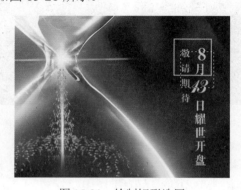

图 15-21　绘制矩形选区

19 选择"图层"|"图层蒙版"|"隐藏选区"命令,隐藏选区中的图像,如图 15-22 所示。

20 打开"横向光 .psd"素材图像,将其拖曳到文字中,如图 15-23 所示,完成本案例的制作。

图 15-22 隐藏图像

图 15-23 添加素材图像

15.2 甜品店海报设计

综合案例:	甜品店海报设计
文件路径	第 15 章 \ 美味甜品海报设计
技术掌握	平面广告设计的综合应用

案例效果

在平面广告设计中,宣传海报是最为常见的广告之一。本案例将以甜品店海报的设计为例,介绍广告设计的整个过程,案例完成后的效果如图 15-24 所示。

图 15-24 案例效果

案例分析

在制作本例平面广告设计图的过程中所涉及的图像对象比较多,因此在操作中,需要注意以下几点。

01 宣传海报没有特定的尺寸,一般会根据实际情况现场测量尺寸,本例的海报以店铺外橱窗展示区为宣传载体,因此在新建文档时,设置的文档宽度为 43 厘米、高度为 60 厘米。

02 要考虑在设计图中合理分布图像元素所占的区域,使整个画面更美观。

03 在制作和处理图像时,应该根据图像的独立性创建各个需要的图层,以方便对各个图像进行编辑。

04 在输入文字时,应该注意字体的选择,以及颜色与背景色是否能够融合;在文字排版时,更要注意突出主体文字。

操作过程

01 选择"文件"|"新建"命令，打开"新建文档"对话框。在该对话框右侧设置文件名称为"美味甜品海报设计"，宽度和高度分别为43厘米和60厘米，分辨率为150像素/英寸，如图15-25所示。

图 15-25　新建图像

02 单击工具箱底部的"设置前景色"色块，打开"拾色器(前景色)"对话框，设置颜色为粉红色(R248,G233,B236)，如图15-26所示，然后按Alt+Delete组合键填充背景。

图 15-26　设置前景色

03 打开"糖水.psd"素材图像，选择移动工具分别将糖水和文字拖曳到新建文件中，按Ctrl+T组合键适当调整图像大小，将其放到画面上方，效果如图15-27所示。

04 设置前景色为红色(R218,G57,B89)，选择横排

文字工具，在属性栏中设置合适的字体和大小，然后输入文字，放到画面上方，效果如图15-28所示。

图 15-27　添加素材图像　　　图 15-28　输入文字

05 选择"图层"|"图层样式"|"斜面和浮雕"命令，打开"图层样式"对话框，设置样式为"内斜面"，其他参数的设置如图15-29所示。

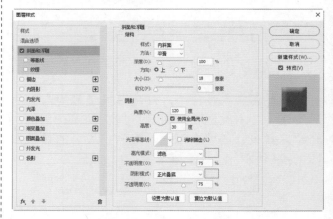

图 15-29　设置斜面和浮雕

06 选择对话框左侧的"描边"样式，设置描边颜色为白色，其他参数的设置如图15-30所示。

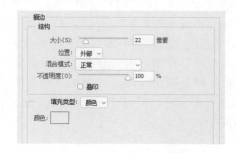

图 15-30　设置描边参数

07 选择对话框左侧的"投影"样式，设置投影颜色为黑色，其他参数的设置如图 15-31 所示。

图 15-31　设置投影参数

08 单击"确定"按钮，得到添加图层样式后的文字效果，如图 15-32 所示。

图 15-32　图像效果

09 打开"蛋糕.psd"素材图像，选择移动工具将其拖曳到当前编辑的图像文件中，按 Ctrl+T 组合键适当调整图像大小，然后将其放到画面下方，如图 15-33 所示。

10 选择"图层"|"图层样式"|"投影"命令，打开"图层样式"对话框，设置投影颜色为深红色(R110,G3,B17)，其他参数的设置如图 15-34 所示。

图 15-33　添加素材图像

图 15-34　设置投影参数

11 单击"确定"按钮，得到添加投影后的图像效果，如图 15-35 所示。

图 15-35　投影效果

12 打开"糖果.psd"素材图像，选择移动工具将多个糖果图像拖曳到当前编辑的图像中，按 Ctrl+T 组合键适当调整图像大小，使其布满整个画面，效果如图 15-36 所示。

图 15-36　添加糖果图像

13 选择自定形状工具，在属性栏中选择工具模式为"形状"、颜色为粉红色 (R248,G233,B236)、描边颜色为红色 (R218,G57,B89)，大小为 12 像素，单击"形状"右侧的按钮，在打开的面板中选择"封印"图形，如图 15-37 所示。

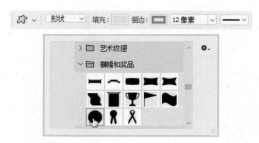

图 15-37　设置工具属性栏

14 设置好选项后，在蛋糕左上方绘制一个封印图形，效果如图 15-38 所示。

图 15-38　绘制封印图形

15 选择横排文字工具，在封印图形中输入有关价格信息的文字，适当调整文字大小和排列样式，填充为红色 (R218,G57,B89)，效果如图 15-39 所示。

图 15-39　输入文字

16 选择矩形工具，在属性栏中设置填充颜色为无、描边颜色为红色 (R218,G57,B89)，在"美味甜品"下方绘制一个描边矩形，效果如图 15-40 所示。

17 使用矩形工具，在描边矩形中绘制一个较小的矩形，设置填充颜色为粉红色 (R234,G91,B127)，效果如图 15-41 所示。

18 在矩形中分别输入文字，设置填充颜色为粉红色 (R234,G91,B127) 和白色，效果如图 15-42 所示。

19 选择横排文字工具，在画面中添加其他广告文字和地址电话等信息，排列成如图 15-43 所示的样式，完成本案例的制作。

图 15-40　绘制描边矩形

图 15-41　在描边矩形中绘制一个较小的矩形

图 15-42　输入文字

图 15-43　输入其他文字